配电网精益管理与技术培训 系列丛书

配电网设备数字化技术

国网江苏省电力有限公司技能培训中心

组 编

中国电力出版社
CHINA ELECTRIC POWER PRESS

内 容 提 要

本书从实现配电网设备数字化的两大体系（配电自动化、配电物联网）出发，系统阐述体系架构、功能应用等理论知识；以配电自动化、配电物联业务及管理为落脚点，详细介绍业务流程、开展方式、技术方法；以基层实践案例为拓展，指导配电专业人员技术应用和创新实践；最后通过技术展望，构画配电网设备数字化未来发展方向。

本书主要面向基层配电自动化运维及管理人员，以提升人员的作业技能水平和精益化管理水平为目标，融合理论知识和基层实践内容，具备一定的行业前瞻性和可操作性。

图书在版编目（CIP）数据

配电网设备数字化技术/国网江苏省电力有限公司技能培训中心组编 . —北京：中国电力出版社，2023.5（2024.9重印）

（配电网精益管理与技术培训系列丛书）

ISBN 978-7-5198-7167-3

Ⅰ．①配… Ⅱ．①国… Ⅲ．①配电系统—自动化设备 Ⅳ．①TM727

中国版本图书馆 CIP 数据核字（2022）第 202994 号

出版发行：中国电力出版社
地　　址：北京市东城区北京站西街 19 号（邮政编码 100005）
网　　址：http://www.cepp.sgcc.com.cn
责任编辑：王蔓莉（010-63412791）
责任校对：黄　蓓　马　宁
装帧设计：赵丽媛
责任印制：石　雷

印　　刷：北京天泽润科贸有限公司
版　　次：2023 年 5 月第一版
印　　次：2024 年 9 月北京第二次印刷
开　　本：787 毫米×1092 毫米　16 开本
印　　张：12.25
字　　数：255 千字
定　　价：65.00 元

编　委　会

主　　　编　张　强　戴　锋

副　主　编　吴　奕　黄建宏　陈　辉

编　　　委　查显光　朱　伟　吴　俊　赵俊杰　陈金刚

　　　　　　戴　宁　刘利国　傅洪全　朱卫平　陈　曦

编　写　组

组　　　长　朱卫平　张　波

副　组　长　夏　磊　李冰然

成　　　员　王嘉楠　胡金峰　孙先灿　许秀娟　方嘉伟

　　　　　　张劲峰　刘　晨　杨文伟　龚凯强　赵　毅

　　　　　　李晨曦　郑一博　肖小龙　方　鑫　李　娟

　　　　　　刘立运　吴　宁　周　力　李　磊　汤　博

　　　　　　王　岗　邓大上　周　勐　何连杰　费　烨

前　言

　　配电网是能源互联网的重要基础，是新型电力系统建设的核心环节，是影响供电质量、服务水平的关键，是服务经济社会发展、服务民生的重要基础设施。在国家"双碳"能源战略背景下，"十四五"期间分布式光伏迎来全方位爆发，配电网形态和运行特性发生重大变化，配电网安全质量和服务水平也面临新的挑战。新技术、新设备、新材料、新工艺等的大量使用，使得配电网技术状况发生根本性改变，配电网从业人员亟须从观念、知识、技能各方面进行系统性更新，全面适应现代配电网的发展需要。

　　为此，国网江苏省电力有限公司组织系统内外从事配电网工作的一线管理和技术骨干，于 2022 年 3 月启动了"配电网精益管理与技术培训系列丛书"的编写工作。整套丛书的编写，立足配电网专业发展现状，放眼配电网专业未来趋势，在结合配电网领域最新国家标准、行业标准、企业标准及电网企业管理规范、制度的基础上，充分融入了国网江苏电力及各兄弟单位近年来在配电网专业领域的最新实践成果与典型经验，从管理、技术两大维度入手，对配电网专业相关知识进行了全面梳理和系统化构建，搭建了一套相对完整的配电网专业知识体系。

　　本套丛书共分为 5 册，本书是《配电网设备数字化技术》分册。本书主要面向基层配电自动化运维及管理人员，以提升人员的作业技能水平和精益化管理水平为目标，首先围绕实现配电网数字化的两大体系（配电自动化、配电物联网），系统阐述了体系架构、设备组成、实现方式、功能应用等理论知识，使读者对配电网数字化技术有一个全局、全面、全要素的认知。然后从基层配电自动化运维及管理人员的角色出发，以配电自动化、配电物联业务及管理为落脚点，详细介绍了配电自动化、配电物联网相关设备的调试验收、运维检修等基础业务的流程、标准化作业步骤、关键环节技术及管理要求等，同时以实践过程中常见的问题为导向，列举问题排查的思路以及操作的方法，指导从业人员开展业务实践。接着，通过收集技术应用案例及典型先进做法，拓展从业人员的专业视野，指导开展数字化技术应用和创新实践。最后，通过对配电网数字化发展趋势进行展望，引发读者对配电网数字化未来的思考。全书内容融合了理论知识和基层实践内容，具备一定的行业前瞻性和可操作性。

本丛书由国网江苏省电力有限公司组织编写，中国电力科学研究院、国网浙江省电力有限公司、国网河南省电力有限公司、国网辽宁沈阳供电公司、国网福建省电力有限公司、中国南方电网有限责任公司超高压输电公司百色局、广西电网有限责任公司南宁供电局等多家单位的专家学者、一线业务骨干参与了书稿各阶段的编写、审核和讨论，提出了许多宝贵的意见和建议。在此谨向各参编单位和个人表示衷心的感谢，向关心和支持丛书编写的诸位领导表示诚挚的敬意。由于时间仓促，加之编者能力所限，本书难免存在不足之处，恳请各位读者批评指正。

编　者

2022 年 12 月

目 录

第一章　配电网数字化技术概述

本章概述

当今世界各国都在引导和布局数字化转型，数字化与传统行业的有机融合形成了新的经济模式和发展格局，电力行业尤其配电网领域当前依然是能源互联网建设发展的主战场，因此，配电设备数字化显得尤为重要。本章首先阐述了电网以及配电网数字化转型的主要背景和重要意义，进而阐述了国内外重要机构和企业的电力数字化转型路径，剖析了国家电网公司数字化转型战略的政策要求、发展历程以及新趋势与新目标，深刻阐述了配电设备数字化的必要性、内涵以及所面临的新形势，最后引领提出全书纲要内容。

学习目标

1. 了解电网数字化转型的背景和重要意义。
2. 了解国内外电力行业数字化转型的主要路径和重要措施。
3. 了解国家电网公司数字化转型战略。
4. 了解配电设备数字化的必要性和深刻内涵。

第一节　电网数字化转型

一、电网数字化转型的背景

（一）数字技术推动社会变革

工业革命的颠覆性技术能够使生产力得到迅猛提高，引起生产关系的调整，形成新的经济发展模式，促进经济结构改变和产业变革，推动社会深刻变革。第一次工业革命由蒸汽技术驱动，推动生产模式进入机械化时代；第二次工业革命由电力技术驱动，推动生产模式进入电气化时代；第三次工业革命由信息技术驱动，计算机与网络应用推动社会进入信息化时代。当前，以新一代数字技术为驱动的第四次工业革命正在推动社会的变革。云计算、大数据、物联网、移动互联网、人工智能、区块链等数字技术应用，推动数字与产业的全面融合，促进社会经济形态由工业经济向数字经济转变，实现经济高质量发展，推动经济社会深层次变革，数字经济已成为第四次工业革命的主战场。

（二）数字发展成为国家战略

世界各国都在引导和布局数字化转型，美国聚焦前沿技术和高端制造业，先后发布了《联邦大数据研发战略计划》《国家人工智能研究和发展战略计划》《美国机器智能国家战略》等报告，旨在构建数据驱动整体战略体系，促进数字化转型发展。德国联邦政府 2016 年推出了《数字化战略 2025》，强调利用"工业 4.0"促进传统产业的数字化转型，提出跨部门、跨行业的"智能化联网战略"，促进政府与企业协同创新；2018 年政府明确在数字技能、信息基础设施、创新和数字化转型、数字化变革中的社会和现代国家五个行动领域开展数字化转型，并针对数字革命带来的挑战提供具体解决方案。日本以技术创新和"互联工业"为突破口建设超智能社会，2018 年发布了《日本制造业白皮书》，正式明确将互联工业作为制造业发展的战略目标，并强调"通过连接人、设备、系统技术等创造新的附加值"。法国、英国、韩国、俄罗斯、新加坡等国家，也推出了数字化转型的发展规划，旨提升本国数字化发展的创新能力、构建数字化产业生态圈。

我国高度重视产业数字化以及数字生态建设，"十四五"规划和 2035 年远景目标纲要做出"营造良好数字生态"的重要部署，明确了数字生态建设的目标要求、主攻方向、重点任务，并着力营造开放、健康、安全的数字生态。《纲要》提出"加快数字化发展，建设数字中国"，深刻阐明了加快数字经济发展对于把握数字时代机遇，建设数字中国的关键作用。当今世界正经历百年未有之大变局，新一轮科技革命和产业变革深入发展，全球经济越来越呈现数字化特征。加快数字化发展，建设数字中国，是顺应数字时代发展趋势、构筑国家竞争新优势的战略选择，应准确把握数字化发展的机遇和挑战。

推动数字经济与实体经济融合发展，把握数字化、网络化、智能化方向，推动制造业、服务业、农业等产业数字化，以数字化转型整体驱动生产方式、生活方式和治理方式变革。政府大力推动大数据技术产业创新，发展以数据为关键要素的数字经济，运用大数据提升国家治理现代化水平、促进保障和改善民生。

（三）数字技术助力能源革命

随着新能源和可再生能源技术、电动汽车技术、综合能源技术的发展与应用，以及"碳达峰、碳中和"战略的驱动，当前能源供需格局呈现可再生能源逐步替代化石能源、能源供给由集中式向分布式转变、能源消纳从远距离平衡向就地平衡方式转变、负荷侧能量流从单向供给向双向流通转变、能源供应从独立供能向多元融合的综合供能转变等趋势。当前情况亟须推进数字技术与能源行业深度融合，助力数字化、清洁化、个性化、便捷化、开放化用能需求得到满足，提升人民用能获得感和满意度；亟须提高能源利用效率与新能源渗透率，降低能耗和减少对传统化石能源的依赖；亟须打通能源产业链上下游各环节，促进数据要素充分流通，实现更大范围的协作与共享，带动能源产业全面、可持续发展。

二、电网数字化转型的意义

（一）提升电网数字化发展水平

数字电网建设将有效提升电网全环节和生产、运营全过程的数字化水平，为降低电网系统运行风险提供新途径。数字技术在算力、算法、数据处理等方面的应用，将促进电网的感知、数据存储和计算分析能力的提升，可支撑规模化新能源接入、复杂能源网架结构系统仿真等关键技术；数字技术在综合智慧能源、大规模储能等关键领域中的应用，将拓展电动汽车、微电网、虚拟电厂、综合能源服务等商业模式，有效延伸数字电网产业链，提升电网数字化发展水平。

（二）促进电网企业数字化运营实现高质量发展

数字电网建设将推动企业数字化运营，提升运营服务的效率和效益。促进电网企业管理流程再造和组织结构变革，实现运营管理全过程实时感知、可视可控、精益高效。通过大数据、区块链等数字化技术在服务领域的深化推广应用，可提升精准服务、便捷服务、智能服务水平。数字化转型过程中，在优化发展电网企业固有业态的同时，可培育新业态、新模式，为电网企业提供价值增长新动力。同时通过数字化平台，可优化资源配置，支撑电网企业与能源产业链上下游的协作创新，持续提升企业价值整合能力、资源配置能力、改革创新能力和核心竞争力，不断推动电网企业实现高质量发展。

（三）助推能源生产的低碳化转型

化石能源消费带来环境、生态和气候等领域的一系列问题，对能源可持续发展带来了严峻挑战。数字电网可以利用先进数字技术，实现对新能源发电全息感知、精准预测，大力提高系统灵活调节能力，支持高比例新能源并网、高效利用，助推能源清洁低碳转型。通过构建能源云平台，为新能源规划建设、并网消纳、交易结算等提供一站式的服务，引导新能源科学开发、合理布局。应用数字化手段聚合各类可调节资源，可实现灵活接入、精准控制，大幅提高电网灵活性和系统稳定性，提高新能源并网消纳能力。应用区块链、云计算、移动互联网等数字技术，搭建绿电交易平台，可支撑市场主体绿电交易业务，全面助推能源生产的低碳化转型。

（四）促进全社会能源优化配置，实现能源可持续发展

电网企业作为能源行业的重要支柱，通过数字化转型，构建面向政府、设备制造商、能源生产商、配售电商、能源终端用户等产业链参与方的数字平台，整合能源流、信息流、价值流等分散业态，促进上游新能源、分布式能源，下游智慧用能、需求侧管理，横向多网融合、多能互补等资源有效整合，开展面向能源生产、流通、消费等环节的新业务应用与增值服务，构建需求导向精确、多能协同发展的产业发展格局，推动能源生态系统利益相关方开放合作、互利共生、协作创新，共塑能源产业新格局，推动全社会能源的优化配置，实现能源可持续发展。

（五）提升数字经济和数字中国建设的基础支撑能力

数字电网建设是"数字中国"建设的基础环节，数字电网建设将充分利用电网输配电基础设施的地理分布优势，加大 5G 基站、物联网、分布式北斗基站等基础设施建设投入，形成以电力系统为基础，具备规模化数字服务能力的融合型基础设施，探索与政府、上、下游企业共同建设国家工业互联网的路径，支撑国家工业体系现代化建设，构筑规模化数字服务能力的新型能源网络，服务经济社会发展，提升对"数字经济"和"数字中国"建设的基础支撑能力。

第二节　国内外电力数字化转型路径

一、施耐德电气

在配电网数字化方面，施耐德研发的 Easergy T300 新一代配电网自动化智能终端秉承"模块化、灵活性、面向应用"的设计理念，广泛应用于中压配电网管理、故障定位恢复、分布式能源并网等领域。该设备可适应宽范围电流和电压检测、各种中性点接地形式和分布电源的故障检测、高精度的功率测量和电能质量测量并支持与调控中心及本地智能装置通信。

在配电网数字化智能运营方面，施耐德电气开发 EcoStruxure Grid 系统平台以调度综合能源网络的形式进行分布式能源/可控负荷的运行控制管理。该平台通过改善能源结构及优化用能成本，提高了配用电系统资产收益。该平台广泛应用于工业园区及大型商业建筑体。

在配电物联业务及管理方面，施耐德电气开发新一代高级配电管理系统 EcoStruxure ADMS 促进配电网数字化转型。该系统基于信息技术和运营技术，依托高效的大数据分析、云计算技术，强化了配电网的物联网特性。该系统通过与传统的数据采集与监控（supervisory control and data acquisition，SCADA）系统相结合，进行电网运行状态实时监控和控制。

在配电网数字化综合能源服务方面，施耐德电气配电网运营平台搭载联合 AutoGrid 研发的 EMA 微网运营顾问软件，可以提供能量调度 SaaS（Software-as-a-Service，软件即服务）服务，令风电、光伏、燃气等可再生能源耦合用户负荷特性实现就近合理高效利用。该方案广泛应用于工商业、光伏建筑一体化（building integrated photovoltaic，BIPV）等分布式光伏领域，从而提高新能源电力的渗透率和经济效益。施耐德电气为历德提供了从规划建设到运营的整体综合能源服务。该项目在集成了光伏、储能、燃机等分布式电源的基础上，采用智能配电、楼宇能耗控制和配电网能量调度技术，最终实现可再生能源百分百占比。

在中国，施耐德电气与国家电网开展深入合作，为国家电网连岛区域综合能源服务示范岛项目提供并实施了以智能环网柜为核心的智能化户外环网箱解决方案，助力国网连云港供电公司打造全电气化能源服务示范岛项目。

二、ABB 集团

在配电网数字化方面，ABB 开发了 Safe Digital 系列数字化环网柜。该系列产品可深度感知设备运行状态，用于构建具备感知和自愈功能的高可靠性配电物联网。ABB 智能数字化传感器将低压电机与工业互联网相连接，从而实现对电机的不间断监测。传感器可以便捷地安装在电机上，将电机的能耗、负载、温度等关键数据传输到云端后台。一旦任何参数偏差过大，传感器就会发出警报，从而使运维人员及时采取相应措施。

在配电网数字化智能运维方面，ABB Ability TM 配电系统数字化解决方案结合了人工智能、机器学习、边缘计算等技术。其产品涵盖系统层、边缘层、设备层，能满足能耗管理、能效管理、设备管理、运维管理等全方位的需求。ABB Ability TM 配电系统数字化解决方案支持配电系统的数字化转型，通过提供更经济、可靠、连续的供电方案帮助实现业务运营性能和生产力的空前改善，实现价值最大化。

在配电物联业务及管理方面，ABB 智慧医院数字化配电系统解决方案结合物联网技术，全面构建坚强、稳定的供配电系统并整体实现智能运维及管理。解决方案从设备、系统、人员、资源管理等多维度提升效率，提高供电系统连续性及用电安全性，提高运维效率并降低用电成本。

在配电网数字化智能检修方面，ABB Ability 配电系统设备数字化健康管理解决方案提升现有的配电网管理模式。传统模式下普遍采用人工巡检和周期性维保的方式，运维工作量激增与人员部署不足的矛盾不断积累。ABB Ability 采用全新的管理模式，将传统的被动检修转变为主动检测，结合最新的人工智能（artificial intelligence，AI）技术和定制化算法模型实时透析设备风险点（机械失效、绝缘失效、二次回路失效）；温度监测方面，并发定制化柜型模拟算法，实现柔性全波段对比；断路器主状态监测方面，采集主开关关键参数，对分合闸时间、速度、行程实现精准检测，结合二次回路状态监测，全面展现设备状态，识别早期风险。该方案节省了大量的故障排查定位时间，极大地提高了日常管理效能。方案成功应用于国内最大重型燃机电厂之一——广州增城 2×660MW 燃气燃机项目，通过人工智能机理算法主动预测设备失效的可能性，实现了配电设备从预防性维护到主动预测性管理的智慧转变。

三、西门子股份有限公司

在配电设备数字化方面，西门子研发了 SIPROTEC 7SC80 型馈线终端，该终端包含馈线自动化及继电保护功能，接地保护可适用于各种中性点接地情况。该类型终端适用于分布式电源接入的配电网故障检测、隔离及恢复。

在配电网数字化智能运维方面，西门子开发了整套的智能化数字配电系统。该系统是融合了硬件、软件、数据到云服务的完整解决方案。在硬件层面，所有的中低压配电设备均实现智能化及互联互通，并通过增加相应的控制器和通信模块打造完整的低压配电物联网。在软件层，Powercenter 3000 平台向下可以集成各种软件接口及西门子配电领域各种产品，向上可支持各种类型协议并将数据上送至西门子 Mindpower 云平台或者第三方云平台，如阿里云、华为云。西门子智能配电管理云平台 Mindpower 中部署应用软件，结合从底层物联网收集到的设备数据、能源数据及自身的算法和分析，帮助用户实现资产管理、主动运维、能效管理和电能质量分析。

四、国外电力公司

随着数字化能源互联网在全球的发展，各国均在该领域内开展了探索和尝试，但方向不尽相同，各有侧重。德国 E-Energy SINTEG 项目侧重信息网络互联数字化，其特征是以信息为中心，基于信息通信技术建立信息互联数字化网络；美国 FERRDM 项目侧重能源互联数字化，其特征是借鉴互联网开放对等的概念，采用电力电子技术形成由主干网、局域网以及互联网络组成的新型能源互联网；日本的 Digital Grid 项目则综合信息互联数字化和能源互联数字化的概念，将同步电力网分成异步互联的局域网，并通过能源路由器实现能源和信息的双向流通；瑞士的 VOFEN 项目侧重多种能源形态数字互联，将电、热、冷、气等不同类型能源互联，从而实现能源的传输、转换和高效利用。此外，法国输电网公司RTE、英国国家电网和挪威国家电网等欧洲领先的输电系统运营商使用数字技术来提高电网质量、降低电网维护成本，并在电网运营商之间共享数据。运营商收集传统电网的能流数据及非常规数据，如电杆、变电站、电线和环境条件的状态数据，通过传感器和无人机使电网的状态更加清晰，有助于提高电网维护和运营效率。

五、中国南方电网公司

《南方电网公司"十四五"数字化规划》（以下简称《规划》）于 2022 年 3 月发布。根据《规划》，"十四五"期间，南方电网公司数字化规划总投资估算资金超 260 亿元，将进一步把数字技术作为核心生产力，数据作为关键生产要素，推动电网向安全、可靠、绿色、高效、智能转型升级。目标到 2025 年，在数字电网智能化程度、数字运营效率、客户优质服务水平、数字产业成效、中台运营能力、技术底座支撑能力、数据要素价值化、网络安全防护及运维水平等八个方面实现全面领先，全面建成数字电网。

规划主要聚焦电网数字化、企业数字化、服务数字化、能源生态数字化四个主要发展方向。在电网数字化方向，《规划》指出要持续夯实基础设施，实现云管边端融合；通过深化数字电网，支持新型电力系统建设；通过加强数字化保障，为数字电网建设提供坚强支撑。南方电网于 2017 年成立了全球首家数字电网研究院——南方电网数字电网研究院有限公司，为南方电网生产经营、管理、发展提供全方位的网络安全与数字化支撑。同时，南方电网还连续两年印发实施《公司数字化转型和数字电网建设行动方案》《公司数字化转型和数字电网建设促进管理及业务变革行动方案》，持续深化数字电网建设。

在企业数字化方向，《规划》指出要持续完善技术平台，增强"平台赋能、技术赋能、数据赋能"能力；通过打造企业级中台，形成公司统一开放、灵活共享的能力复用体系；通过推进数字运营，提升企业现代化治理水平；通过构建安全及运行体系，强化 IT 数字化运营；通过全数据资产管理体系，充分发挥数据资产价值。

在服务数字化方向，《规划》指出要部署全面数字服务，打造现代化供电服务体系；在市场营销管理、电力交易、南网在线、"双碳"服务、需求侧响应等方面，聚焦共享服务，强化组织能力，贯通多元客户服务渠道，创新业务和商业模式。推广应用智能移动现场作业，简化营销人员现场操作流程，推动业务向"互联网＋移动终端作业"模式转变，实现业务全流程、全链路实时数字化。

在能源生态数字化方向，《规划》指出要壮大数字产业，融入数字中国发展。南方电网将基于南网公有云构建能源工业互联网生态服务平台，加快推进数字产业化，面向能源产业上下游合作伙伴以及粤港澳大湾区利益相关方等，积极拓展数据产业，为用电客户提供金融、保险、一站式用能、能源数据等服务，构建最佳的商业模式，打造数字能源生态体系。同时，构建数据对外服务门户，在城市治理、政策制定、社会征信、环境保护等关系国计民生的领域提供数据及服务，更好融入智慧城市、数字经济、数字中国的发展。

第三节　国家电网公司数字化转型战略

一、数字化转型政策要求

2020 年，国务院国资委发布《关于加快推进国有企业数字化转型工作的通知》，为国企数字化转型指明了方向。通知要求国有企业贯彻落实习近平总书记关于推动数字经济和实体经济融合发展的重要指示，深刻理解数字化转型的重要意义、着力夯实数字化转型基础、加快推进产业数字化创新、全面推进数字产业化发展，从而推动新一代信息技术与制造业深度融合，打造数字经济新优势等决策部署，促进国有企业数字化、网络化、智能化发展，增强竞争力、创新力、控制力、影响力、抗风险能力，从而提升产业基础能力和产业链现代化水平。

能源电力作为经济社会发展的重要支柱，是推动实体经济数字化转型的主战场，国家电网公司作为能源电力行业数字化产业链的"链长"和原创技术的"策源地"，处在能源电力的关键枢纽环节，需要在国有企业、电力行业和产业链供应链数字化转型中发挥排头兵和引领作用，通过推进先进信息通信技术和控制技术与先进能源技术深度融合应用，不断提高电网资源配置、安全保障、灵活互动的能力，加快电网向能源互联网升级，提升能源综合利用效率，推动能源清洁低碳转型。

二、数字化发展历程与成效

国家电网公司一直将数字化作为电网转型升级和企业创新发展的重要抓手。作为能源革命和数字革命相融并进趋势的必然选择，国家电网公司持续以数字化、现代化手段推进电网管理建设，来实现经营管理全过程实时感知、可视可控、精益高效，提高客户获得感和满意度。

自"十一五"以来，通过三个五年发展，实现了数据获取从无到有、信息从分散向集中、业务从线下向线上转变的全过程。在"十一五"阶段，主要解决从无到有的问题，所有的业务由线下到线上，核心业务全部实现了信息化管理，也实现了部分数据采集的数字化。在"十二五"期间，主要实现了由孤岛到集成，从壁垒到协同，信息系统逐步进行了集中、集成和融合。"十三五"的转型工作主要是向云端转化，建成了国网云。应用系统逐步云化，力求实现数据充分共享、业务深度融合、系统安全可靠。在营销系统、生产管理系统、人力资源、财务等多方面启动了业务应用转型，为企业的数字化转型奠定了坚实基础。在"十四五"期间，国家电网公司大力推进"智慧国网"建设，通过"三融三化"和"三条主线"进行数字化转型升级，信息技术、数字技术全面融入电网业务、融入生产一线、融入产业生态，进行架构的中台化、数据的价值化和业务的智能化，实现能源电力数字化、运营服务数字化、能源数字产业化。

经过近些年的建设，国家电网公司数字化工作已取得了积极成效。当前国家电网公司建成央企领先的企业级信息系统，日业务峰值 3700 万笔，同时在线人数峰值超过 1000 万人，推动了业务由线下向线上、"单体"向"云化"转变。基础设施持续夯实，建成国内领先的两级数据中心，打造"国网一朵云"，服务器超过 1.9 万台，存储容量近 30PB。建设企业中台，数据中台累计接入核心系统 107 套，303 万张表，数据 5.4PB。加快建设电网资源、客户服务、项目管理、财务管理等业务中台，构建智慧物联体系，接入智能电能表等各类感知终端超过 5 亿台，支撑电网、设备、客户状态的动态采集和实时感知。业务创新成效逐步显现，基本实现核心资源全口径在线管理、电网业务全过程在线运转，打造"网上电网""网上国网"现代智慧供应链、能源互联网营销服务系统（营销2.0）等业务应用，有力保障电网生产运行、企业经营管理和客户优质服务。打造综合能源、智慧车联网、新能源云、能源工业云网等平台运营新模式，拓展电力数据增值新服务。数据管理和应用稳步推进，初步构建数据管理体系，全面开展数据资源盘点，组织推进数据质量提升，建立数据管理协同机制，推动公司内部数据跨专业、跨层级充分共享。安全运维保障有力，建成"可管可控、精准防护、可视可信、智能防御"的网络安全防御体系和"两级调度、三层检修、一体化运维"的信息运行体系。

三、数字化转型新趋势与新目标

数字化是适应能源革命和数字革命相融并进趋势的必然选择。随着现代信息技术和能源技术深度融合、广泛应用，能源转型的数字化、智能化特征进一步凸显。数字化也是提升管理改善服务的内在要求，国家电网公司需要以数字化、现代化手段推进管理变革，实现经营管理全过程实时感知、可视可控、精益高效，同时提高服务水平，提升客户获得感和满意度。数字化还是育新机、开新局、培育新增长点的强大引擎，加快数字化转型、发展数字经济已成为国内外大型企业促进新旧动能转换、培育竞争新优势的普遍选择。

数字化工作涉及各层级、各领域，是一个不断完善、不断积累、持续优化的长期过程，需要围绕发展目标，反复迭代、探索前行，当前数字化工作已经进入承前启后、换挡提速的关键阶段，呈现出一些新的变化。在业务领域方面，正由管理信息化向电网数字化延伸；在数据要素方面，正在由数据资源管理向数据资产管理延伸；在发展模式方面，正由大规模建设向高质量运营延伸；在服务范围方面，正由服务专业管理向服务基层作业延伸；在实现价值方面，正由服务支撑为主向赋能引领为重延伸。

在明确数字化转型发展战略纲要，全领域、全过程推进数字化转型后，作为服务"双碳"目标、应对气候变化的重要手段与途径，在能源电力数字化方面，构建覆盖输、变、配全环节的数字化设备管理体系，在运营服务数字化方面，推动人、财、物等核心资源科学高效配置，在能源数字产业化方面，大力发展能源转型新业务、能源数字新产品、能源平台新服务，以期构建覆盖输、变、配全环节的数字化设备管理体系，从而推动人、财、物等核心资源科学高效配置。围绕转型工作国家电网公司持续加强交流、深化合作，未来10年预计将投入3000亿元开展工作，同时全面推行市场化配置，用市场机制调节各方利益，确保数字化转型落到实处。

第四节　配电设备数字化内涵

一、配电设备数字化面临的新形势

配电网是从电源侧（输电网、发电设施、分布式电源等）接受电能，并通过配电设施逐级或就地分配给各类用户的电力网络，是电力系统中连接电源与用户的一个重要环节。为实现"碳达峰、碳中和"目标，国家电网公司加快构建适合中国国情、有更强新能源消纳能力的新型电力系统，作为新型电力系统和能源转型中心环节的配电网，将从电能传输、分配为主的通道型设施向资源聚合、优化、交换，各利益主体平等交易的平台型基础设施发生深刻转变。加快推进配电设备智能化升级和数字化转型，是建设能源互联网企业、提高供电保障能力的必然要求。

（一）"双碳"目标要求配电网向能源互联网升级

国务院及相关部委深入贯彻"双碳"战略，先后发布系列政策文件，加速构建新型电力系统，新能源的发展正在从规模化开发、远距离输送为主转变为集中式、分布式并重的态势。配电网呈现高比例分布式新能源并网、高密度电动汽车与规模化电力电子设备接入、交直流互联等特征，面临清洁低碳转型的巨大挑战。配电网必须加快技术革新，向源网荷储协调控制、输配微网多级协同的能源互联网平台转变，促进分布式能源就地平衡消纳，增强城乡互济与统筹平衡能力，全力满足清洁能源开发、利用和消纳需求，积极服务"双碳"目标落地。

（二）经济社会发展要求配电网进一步提高供电保障能力

"十四五"时期，我国立足新发展阶段、贯彻新发展理念、构建新发展格局，全面推动经济社会高质量、可持续发展，加快落实区域协调发展战略，构建国际一流营商环境，深入推进以人为核心的新型城镇化战略，促进大、中、小城市协调联动与特色化发展，满足人民群众的高品质美好生活需求。面对用电需求快速增长、电煤供应持续紧张、主要流域来水偏枯、暴雨洪涝灾害频发等挑战，配电网需要全力守住民生用电底线，服务民生保供需求，提升供电保障能力和优质服务水平，彰显"大国重器"和"顶梁柱"的责任担当。

（三）国家电网公司转型发展要求配电网提升数字化支撑能力

国家电网公司贯彻落实中央决策部署，确立建设具有中国特色国际领先的能源互联网企业战略目标，提出"一体四翼"发展总体布局，为公司"十四五"配电网建设提供了根本遵循。配电网将以更高站位、更宽视野和更强的支撑能力落实现代设备管理体系建设要求，配电网自动化、透明化、智能化等数字化建设方面应全面、主动适应公司转型发展的新形势、新任务和新要求，以先进技术推动配电网全业务、全环节数字化转型升级，夯实配电网数字化基础，提升数据采集、状态感知、数据共享、服务开放能力，充分挖掘数据资产价值，全面支撑公司能源互联网企业转型发展。

二、配电设备数字化的必要性

（一）设备数字化是能源互联网转型的重要基础

配电网设备规模总量大，发展变化速度快，发展不平衡、不充分，量测覆盖率不足，设施设备标准化程度不高，现有监测管控手段和资源配置能力不足，设备故障引发大面积停电风险始终存在。同时，配电网面临分布式电源、储能、微电网、电动汽车、新型交互式用能等设备大规模接入，源网荷储协同管控压力大。设备数字化能精准掌握电网运行的动态数据，实现设备状态全寿命及业务流程全过程管控，提升配电网资源优化配置与管控能力，是支撑公司向能源互联网企业转型升级的重要基础。

（二）设备数字化是精益化运维的必由之路

随着近年来配电网设备量不断增长，专业人员不足，配电网设备管理的压力逐年增大，设备运维、检修难度提升，原有依赖人力的运维模式难以保证运维质量。设备数字化能有力支撑配电网运维管理体系转型，全方位掌握设备投运日期、缺陷、异常和负荷等信息，结合配电网运维历史数据和配电网设备状态，自动生成主动运维工单，针对性地开展设备巡视和带电检测。依托设备数字化实现配电网设备状态主动监测，对于设备重过载、电压质量异常、低压三相不平衡等配电网异常情况，主动生成检修工单，指挥检修班组及时进行处置，减少设备故障带来的停电影响，提升设备运维管理水平。

（三）设备数字化是供电服务提升的重要支撑

供电公司面临的客户服务压力随着人民群众美好生活需要逐年增加，供电服务面临的主要问题来自配电网的供电可靠性和电能质量问题，客户投诉集中在频繁停电、低电压、停电时间长等方面。设备数字化通过对配电网运行数据及设备状态实时监测，实现主动运维和主动检修，减少停电事件发生。停电后综合变电站停电信息、线路跳闸信息、台区停电信息和用户失电信息，自动研判停电影响区域和停电客户，生成主动抢修工单开展抢修工作，降低配电网停电对用户的影响，有效提升客户服务水平。

三、数字化的内涵

（1）配电设备数字化是积极主动适应我国能源转型发展、"碳达峰、碳中和"行动计划，以推进配电网现代设备管理体系高质量运转为目标，以配电管理的在线化、透明化、移动化、智能化为主线，以国家电网公司新型数字化基础设施建设的云平台、物联管理平台、企业中台等平台为依托，实现配电设备管理业务与数字化技术的有机融合，构建配电设备数字化管理生态圈，赋能配网向能源互联网升级，努力打造安全可靠、绿色智能、友好互动、经济高效的智慧配电网，全面提升配电精益化管理、设备资产全寿命周期管理和优质服务能力。

（2）配电设备数字化主要包括三个层面：①设备本体数字化，即依托智慧物联体系，利用智能感知装置、视频图像监控、机器人等多源数据的接入，实现设备状态全景感知；②业务数字化，依托移动互联技术，打造"互联网＋"运检方式，推进人—设备—装备有机互联，切实减轻基层作业负担，提高作业效能，从而实现业务的全面在线；③决策数字化，通过电网资源业务中台建设打通业务链路，实现多平台、多业务数据共享融合，并发挥企业中台的支撑能力，深度挖掘数据价值，驱动业务，实现指挥决策的快速精准。

（3）配电设备数字化工作要基于配电网多源互动的物理特征及广泛数字化的技术特征，按照"坚持统一性、体现差异性、保证安全性、提高经济性"的基本原则，围绕"站—线—台—户"四大物理环节，从设备层、通信层、系统层以及源网荷友好互动四个层面推进配电网数字化转型工作，具体内容包括六个方面。①持续深化配电自动化系统应用，以配电设备"一体化、小型化、通用化、数字化、智能化"为目标，以一、二次融合为主要技术路线，全面采用国产化核心芯片与器件保障完全自主可控，充分发挥配电自动化系统

11

功能实效。②全面推进配电物联网体系建设，以配电变压器为关键节点，部署新一代台区智能融合终端，实现低压设备即插即用，终端功能灵活定制，通过与集中器集成、融合等差异化方式，快速实现与末端电能表的集成应用，实现对低压配电网的全面监视与台区自治管理。③构建开放式配电网通信网络，面向配电网点多、线长、面广的特点，以及城市、农村、草原等不同环境下的通信环境，综合利用高速电力线载波（High-speed Power Line Carrier，HPLC）、短距离无线、已有光纤资源等构建差异化多模异构通信组网方案，设计提出基于通用信息模型的多模多制式通信协议，形成配电物联网技术生态中心和互联互通互操作基础。④持续推进电网资源业务中台建设应用，摒弃传统单体式应用系统重复开发、分散存储、集成交互的建设思路，通过整合各专业电网资源、资产、图形、拓扑、测点、计量等数据，统一标准，同源维护，沉淀共性业务形成基础稳定的服务能力，支撑前端应用灵活构建，有序接入。⑤强化面向数字化配网的业务安全防护能力建设，以国产商用密码算法为基石，以入网节点全面认证、业务数据分级加密为先导，进一步推进可信计算、智能监测、零信任网络等主动防御技术在数字化配网中的深化应用，建设形成设备本体自主可控、业务数据高效加密、系统安全态势精准感知的防护新格局，提升数字化配电网在日益严峻网络安全形势下的攻击应对能力。⑥积极探索构建源网荷友好协同机制，进一步加强配电网互联互通和智能管控，重点解决极高比例分布式电源并网监测与反孤岛保护，推动中低压台区柔性能量互联，贯通融合终端、充电桩、电动汽车间信息流与能量流，形成有序充电引导机制及 V2G 双向协同机制。

第二章　配电设备数字化体系

本章概述

　　配电设备数字化是配电网数字化转型的基础，是管理数字化、决策数字化的重要支撑。配电设备数字化是保证配电设备状态实时感知的重要手段，是配电专业各项业务在线化、移动化实施的重要前提。本章主要包含配电自动化系统、配电自动化通信网络和安全防护、配电自动化终端、配电数字化在低压物联网的应用四部分内容。

学习目标

1. 熟悉配电自动化系统构架及硬件配置。
2. 了解系统主站的功能设置，掌握系统主站主要功能应用。
3. 了解系统主站的通信原理及数据流。
4. 了解系统的安全防护原理。
5. 熟悉配电自动化终端的结构和分类。
6. 掌握配电自动化终端的功能。
7. 了解低压物联网方面的典型应用。

第一节　配电自动化系统

一、配电自动化系统构架及数据流

　　配电自动化系统主要由配电自动化系统主站、配电终端和通信网络组成，通过与主网调度、用电信息采集等其他相关应用系统互连，实现数据共享和功能扩展。配电自动化系统架构如图 2-1 所示。

二、配电自动化主站

（一）配电自动化主站构架及硬件配置

1. 配电自动化主站系统架构

配电自动化主站系统（即配电自动化主站）是配电自动化系统的核心部分，主要实现配电网数据采集与监控等基本功能和分析应用等扩展功能，为调度运行、生产运维及故障抢修指挥服务，配电网自动化主站系统功能构成图 2-2 所示。

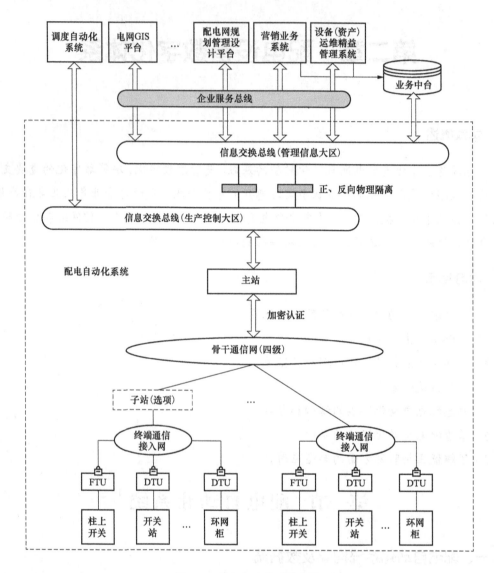

图 2-1 配电自动化系统架构

配电自动化主站分为生产控制大区（Ⅰ区）与管理信息大区（Ⅳ区）两部分。一般而言，采用光纤、无线等通信方式的"三遥"配电终端接入生产控制大区，采用无线通信方式的"二遥"配电终端以及其他配电采集装置接入管理信息大区。配电运行监控应用部署在生产控制大区，从管理信息大区调取所需实时数据、历史数据及分析结果。配电运行状态管控应用部署在管理信息大区，接收从生产控制大区推送的实时数据及分析结果。外部系统通过信息交换总线与配电主站实现信息交互。配电自动化主站系统架构如图 2-3 所示。

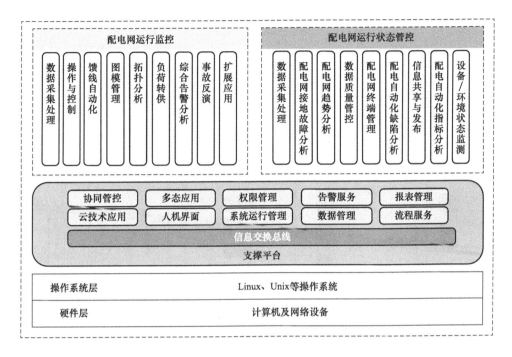

图 2-2　配电自动化主站系统功能构成

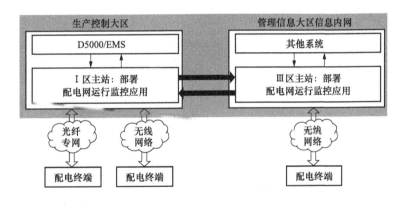

图 2-3　配电自动化主站系统架构

2. 配电自动化主站系统硬件典型配置

配电主站硬件平台是实现配电网运行监控、状态管理等各项应用需求的主要载体。硬件结构采用结构化设计，可以根据地区配电网规模、应用需求以及未来规划，按照大、中、小型进行差异化配置。配电主站硬件结构从逻辑上可分为采集与前置子系统和后台监控系统（运行监控子系统和状态管控子系统）。

配电自动化主站系统硬件配置如图 2-4 所示。

配电网设备数字化技术

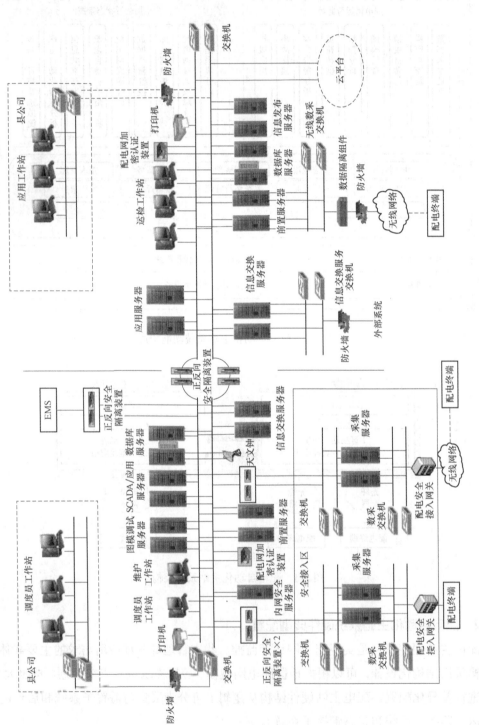

图 2-4 配电自动化主站系统硬件配置

16

前置子系统（Front End System，FES）由数据采集服务器、前置网络组成，是配电主站系统中实时数据输入、输出的中心，主要承担配电主站与所辖配电网各站点（配电站点、相关变电站、分布式电源）之间、与上下级调控中心自动化系统之间的实时通信任务，还包括完成与自身配电主站后台系统之间的通信任务。必要时也可与其他系统进行通信。前置子系统与现场终端装置通信，对数据预处理，以减轻 D-SCADA 服务器负担，此外还有系统时钟同步、通道的监视与切换以及向其他自动化系统或管理信息系统转发数据等功能。

前置子系统是配电调度与现场联系的枢纽，向上接入主站局域网，与 D-SCADA 应用交换数据；向下与各种现场终端装置通信，采集配电网实时运行数据，下发控制调节命令。前置系统一旦出现故障，将造成运行数据丢失，因此运行可靠性要求极高。采集服务器一般选用高可靠性的工业控制计算机，并采用双机热备用工作方式；与现场终端之间支持 CDT、IEC 60870-5-101 等点对点、点对多点等专线通道通信规约，也支持 IEC 60870-5-104 等网络通信规约。

前置子系统按照通信通道不同，可分为专网数据采集和公网数据采集。

（1）专网前置采集子系统。专网前置采集子系统是配电主站的眼睛，负责通过配电通信专网与配电终端进行通信，采集开关、配电变压器等一次设备的测量数据。配电主站接入终端的数量可以伸缩按需配置，比如配置 8，每组通常由 2 台 4 网卡前置服务器组成，2 块网卡与终端层通信，2 块网卡与运行监控子系统通信。

（2）公网前置采集子系统。公网前置采集子系统扮演角色与专网前置子系统相同，差别在于公网前置通过社会公共通信网（通常是移动、联通等通信公司通信网）实现与配电终端通信，因此，按照安全防护要求，公网前置服务器与后台系统通过满足公网隔离的安全要求进行通信。

事实上，只要配置上满足信息安全要求，专网和公网都能支撑配电自动化对无线通信的应用需求，对生产控制大区和管理信息大区均适用。

后台子系统与前置子系统配合，完成遥信、遥测量的处理、越限判断、计算、历史数据存储和打印等电网的实时监控功能，实现馈线自动化及应用分析功能。同时，后台子系统将系统数据向订阅的各个应用及人机界面推送实时数据，支持应用分析功能运行。

后台系统是配电主站系统中数据处理、承载应用、人机交互的中心，主要承担配电主站系统基础平台、基础功能、扩展功能应用，完成调度员、运维人员进行人机交互功能，完成与其他系统交互功能，后台服务器一般选用高可靠性的工业控制计算机，并采用双机热备用工作方式。

（二）配电自动化主站生产控制大区（Ⅰ区）功能要求

1. 图形功能

图形界面应满足调控日常使用习惯，符合相关公司"配电网调度控制系统界面"要求，具体要求包括但不限于以下几点：

1）具备依据电网模型层次关系，按照树形结构自动生成图形目录功能。

2）具备通过配置相应规则自动生成符合实际需求的图形目录功能。

3）具备图形绘制状态下绘图空间自动扩充功能。

（1）自动成图。依据 PMS 系统设备模型以及拓扑结构能够自动生成符合调度使用要求的单线图以及联络图，具体要求包括但不限于以下几点：

1）具备自动生成单线图以及联络图功能，图形需符合相关规范。

2）具备增量更新功能，图形二次生成时需在原有布局的基础上进行增量更新。

（2）故障指示器图形快速定位。通过图形的设备检索工具能够快速定位故障指示器（FI）所在图形以及图形中的具体位置，具体要求包括但不限于以下几点：

1）具备依据故障指示器所属馈线定位故障指示器所在图形功能。

2）具备定位故障指示器在其所属图形中的具体位置并能标记显示功能。

（3）标示牌功能。满足调控运行人员的标示牌功能需求，具体要求包括但不限于以下几点：

1）具备在置保电牌时可以填写保电目的，并能设置保电时间段的功能，支持置保电牌后，保电时间开始前，保电牌显示"保电"，保电时间开始后，保电牌显示"保电"，保电时间结束后系统自动拆除。

2）具备在置缺陷牌时可以填写设备缺陷具体信息的功能，支持在图形上展示设备缺陷信息。

3）具备在置开断牌后系统能够重新进行拓扑分析及防误判断的功能。

具备一键挂牌、摘牌功能，支持按检修区域进行一键挂牌，检修结束后能一键摘牌。

（4）拓扑分析与着色功能。满足调控对于图形动态着色的需求，具体要求包括但不限于以下几点：

1）具备依据供电范围拓扑着色功能，支持联络开关两侧设备着不同颜色，支持区别显示带电设备与非带电设备，同时需增加电气岛颜色种类。

2）具备供电链路的单独显示功能，支持联络链路单独显示，支持送电链路单独显示，支持本线链路单独显示等功能。

3）具备电源点分析功能，分析主配电网设备的供电路径，能够往上追溯供电电源，追溯至 220kV 变电站。

2. 模型功能需求

（1）红图回退功能。红图审核未通过退回时，能够将图模导入时产生的数据更新回退至图模导入前的状态，具体要求包括但不限于：具备单线图红图退回时将数据库中该单线图的图模数据回滚至与黑图一致的功能并且不能影响系统中其他无关数据。

（2）调度自建图形红黑图功能。满足调度日常图形异动更新流程，具体要求包括但不限于以下几点：

1）具备自建图形启动红黑图审核流程功能。

2）具备红黑图审核流程日志记录功能。

3）具备红黑图审核流程与 OMS 系统交互管理功能。

（3）图模关联准确性校验功能。依据调度制定的校验规则，能够校验出调度自建图形图模关联关系是否准确，具体要求包括但不限于以下几点：

1）具备校验规则自定义功能。

2）具备依据校验规则校验图模关联准确性功能。

3. 数据采集与处理功能需求

（1）智能配变终端数据及智能电能表数据的应用。智能配变终端（TTU）数据/智能电能表数据可以作为调控对配电线路区间的负荷精准分析与应用。结合配电自动化系统，配变数据可用于状态估计、区间负荷精准计算、负荷预测、遥信准确性判断等，具体要求包括但不限于以下几点：

1）具备将 TTU、智能电能表提供的配变低压侧数据系数转换成高压侧数据的功能。

2）具备依据所选的设备区间自动统计配变的叠加电流，或者按分支线、按分段开关统计后段负荷功能。

3）具备依据配变的遥测状态进行动态着色功能。

4）具备接入用采系统配变历史数据功能。

5）具备依据 TTU 采集数据以及用采系统历史数据，能够做到基于线路或配变的停电事件统计查询功能。

（2）保护及测点所属馈线名称自动调整。配电设备相关测点的所属线路属性需根据配电设备所属线路的变更同步更新，具体要求包括但不限于以下几点：

1）具备生成配电设备与测点关联关系功能。

2）具备配电设备所属线路更新后，自动同步更新测点的所属线路属性。

（3）图模导入接口功能完善。图模导入接口需更人性化、便捷化、可视化，具体要求包括但不限于以下几点：

1）具备区分馈线自动化（feeder automation，FA）线路与非 FA 线路功能，针对 FA 线路导入时需增加图模更新人工确认页面。

2）具备图模源数据版本管理，能够实现历史数据可追溯、操作日志可查询。

3）具备图模解析错误日志可视化功能，能够基于 SVG 图形浏览器实现错误信息的展示以及错误设备的快速定位。

（4）智能综合告警。告警功能应更智能化、准确化，方便值班调度人员快速查找事故原因，减少事故处理时间，并且能够实现与 OMS 系统信息交互，具体要求包括但不限于以下几点：

1）具备基于大数据的故障事件识别功能，通过设备故障与异常时的电网数据断面，抓取异常特征数据，自主识别电网事件。

2）具备置顶界面选择、告警信息合并、设备运行状态监视、定时巡检、终端缺陷自动填报等功能。

4. 高级应用功能需求

（1）智能运方管理功能。满足配电网调度运行方式安排需求，实现配电网停电检修、事故处理、保电管理情况下的运行方式高效、合理、智能，具体要求包括但不限于以下几点：

1）具备调度多系统交互功能，基于配电自动化系统数据能智能、快速、准确地生成日检修和故障情况下的运方安排方案，并且能够与主网调度控制系统、OMS 系统的整合，提高运方安排工作效率和安全性。

2）具备获取 OMS 系统停电计划功能。

3）具备异常方式检索功能，通过开关属性以及在系统中保存的正常运行方式，并将当前运行方式定期与正常方式进行对比，列出特殊运行方式清单。

4）具备与营销用电采集（后简称用采）系统信息交互功能，能够实现重要用户及双电源用户主、备供电源自动判断和失电提醒功能。

5）具备将停电信息自动推送至供电指挥平台功能。

6）具备保电预案自动生成功能，能够实现在指定重要保电用户后，根据主配电网实时电网模型和运行情况，自动生成保电用户的供电路径展示图与保电预案。

7）具备负荷转供预案自动生成功能，能够依据转供策略优先级，自动生成变电站母线供出的配电线路转供方案。

8）具备停电范围分析功能，可对电网运行状态进行分析，得到停电设备统计信息和损失负荷统计信息。

9）具备转供策略模拟功能，支持模拟条件下的方案生成及展示，模拟运行方式设置与效果展示。

（2）潮流分析功能。满足调度基于电网潮流数据对日常操作和事故处理工作需要，实现潮流分析功能，具体要求包括但不限于以下几点：

1）具备潮流计算功能，能够实现依据配电网指定运行状态下的拓扑结构、变电站母线电压（即馈线出口电压）、负荷类设备的运行功率等数据，计算节点电压，以及支路电流、功率分布，同时需支持实时态和未来态（含负荷预测）电网模型的计算，支持多种负荷计算模型的潮流计算，支持分线路、分区域、全配电网计算，支持馈线电流越限、母线电压越限分析。

2）具备坏流计算功能，能够实现通过获取调度自动化系统的端口阻抗、潮流计算等计算结果，对指定方式下的解合环操作进行计算分析，支持环流预校验功能、实时环流弹窗功能、支持责任区划分（区内环流辨识）、支持人工启动下的分线路、分区域、全配电网环流比对显示。

3）具备负荷预测功能，能够实现依据用采系统的近年数据及配变 TTU 数据、配网终端数据、主网变电站内数据等针对 6～20kV 母线、区域配电网、线路及配变进行负荷预测，支持后台静默计算、多日期类型负荷预测、支持计划检修、负荷转供、限电等特殊情况对配网负荷影响的分析。

（3）配电网仿真功能。满足调控仿真与培训技能提升需求，实现调控技能考核功能，具体要求包括但不限于以下几点：

1）具备配电网调度的日常操作、事故预演、事故反演以及故障恢复预演等功能。

2）具备在模拟环境中进行调度和值班工作以及日常的监视、控制和操作等功能。

（4）配网终端自动调试功能。满足配网终端接入调试工作需要，实现主站系统与终端能够自动进行前置联调测试并生成调试报告，具体要求包括但不限于以下几点：

1）具备公共信息自动联调功能。

2）具备开关三遥信号自动联调功能。

3）具备保护遥信自动联调功能。

4）具备保护电流自动加量联调功能。

（5）分布式电源接入与控制功能。满足调度对分布式电源的并网接入以及监视与控制需求，具体要求包括但不限于以下几点：

1）具备支持各类分布式电源建模功能。

2）具备对分布式电源公共连接点、并网点的模拟量、状态量及其他数据的采集功能。

3）具备对采集数据（包括电流、电压、有功功率、无功功率、频率等）进行计算分析、数据备份、越限告警、合理性检查和处理的功能。

4）具备对有受控条件的分布式电源的公共连接点、并网点处开关实现分合控制功能，支持分布式电源的投入、退出功能。当配电网发生故障时，支持隔离故障区域内的分布式电源的功能。

5）具备分布式电源地区接纳能力评估功能。

（6）状态估计功能。基于配电自动化系统，并结合用采系统近年数据及 TTU 数据，实现一定精度的配电网状态估计，具体要求包括但不限于以下几点：

1）具备计算各类量测的三相估计值功能。

2）具备配电网不良量测数据的辨识功能。

3）具备人工调整量测的权重系数功能。

4）具备配电网动态状态估计功能。

5）具备基于网络规模控制的分线路、分区域、全配电网计算功能。

6）具备状态估计分析结果快速获取以及实时同步于配电网联络图及单线图展示功能。

（7）无功电压分层分区控制功能。满足调度灵活控制系统供电电压、改善无功电压运行水平、降低设备的电能损耗的需求，具体要求包括但不限于以下几点：

1）具备建立以供电可靠性、运行安全性、电能质量、运行经济等多目标优化模型功能。

2）具备配电网中可控负荷、配电网自动化终端、电容器组、静止无功补偿器等配电网设备为控制变量，实现运行可靠性和电网运行经济性在较优范围内的主动配电网运行自上而下、分级分层最优协调控制功能。

（8）安全校核功能。满足调度对配电系统的安全校核需求，能够通过网络拓扑及实时数据进行相关的分析判断，根据一些常见风险和自定义风险的特征，以及风险触发条件和要求，进行全面的甄别、判断、分析、归类，给出可能出现的风险并进行准确、全面的提示，为调度相关人员进行运行调度决策，实现安全风险预警管理提供辅助决策。具体要求包括但不限于以下几点：

1）具备自动校核配电网设备负载不超过规定限额功能。

2）具备对含分布式电源的配电网进行安全校核的功能。

3）具备基于分布式电源市场化交易的供电能力评估等安全校核功能。

5. **防误功能需求**

（1）FA 功能完善。满足县、配调对 FA 功能需求，实现县、配调责任区划分及 FA 策略完备，具体要求包括但不限于以下几点：

1）FA 策略中添加超出限额线路禁止转供操作功能。

2）FA 策略中添加电源侧系统接地线路禁止转供功能。

3）FA 故障启动处理结束后提供线路 FA 方式选择功能。

4）具备单机监护功能。

5）具备责任区分流功能。

6）具备 FA 运行方式一键离线/恢复功能，支持按责任区快速切换所有线路 FA 运行方式。

7）具备 FA 运行方式自动调整功能，支持自动执行检修线路及其联络线路 FA 方式切换，支持根据运行方式（母线串供、线路检修等）、挂牌信息（保电牌、带电作业牌等）自动调整相关线路的 FA 运行方式。

8）完善"二遥"故障指示器及 TTU 在线路故障情况下 FA 策略执行的全过程参与，进一步精确相间故障及单相接地故障定位区段。

9）完善充电桩、储能、微网等分布式能源接入情况下的 FA 策略响应能力，确保不发生故障误定位、误转供电事件。

10）具备对线路重合闸成功情况的准确判断，支持结合主网出线开关状态和保护信号进行线路重合闸判断，支持对由于拓扑错误等其他原因导致的对应线路带电进行区别处理。

11）全自动 FA 策略中增加线路负荷越限、线路置"接地牌"等作为全自动 FA 执行的禁止启动条件，转半自动 FA 执行；半自动 FA 在几种转供电方案执行时，增加相关线路负载率显示。

12）具备 FA 策略以及研判结果同步至管理信息大区功能。

（2）防误操作功能。满足调控对电网操作防误的需求，实现按照图形接线方式进行拓扑分析，根据调度倒闸操作规定、调度规程和安规等进行防误逻辑判断，具体要求包括但不限于以下几点：

1）具备基本防误逻辑闭锁功能。

2）具备线路（设备）检修防误逻辑闭锁功能。

3）具备违反调度规程和安规的操作防误功能。

4）具备自动角差判别防误功能。

5）具备任务票解锁遥控功能。

6）具备设置故障处理闭锁条件功能。

7）具备故障处理过程中必要的安全闭锁功能，保证故障处理过程不受其他操作干扰。

（3）防误提醒功能。

1）满足调控对电网操作防误的需求，具体要求包括但不限于：

2）具备合解环提示功能。

3）具备保电线路失电提示功能。

4）具备双电源用户失电提示功能。

5）具备停、送电提示功能。

6）具备备用自动投入相关防误功能。

（4）操作预演功能。系统在"审核"模式下实现操作预演功能，为调度员提供了一个"单机模拟演示"的场景，针对调度员提供的操作票，逐项进行模拟操作，验证操作令的正确性。在操作每一项时，主接线图上相应的操作对象根据操作内容进行闪烁、变位，同时根据相应操作规则，遇到误操作给出禁止操作提示，遇到有疑问的操作给出告警信息。操作预演结束后通过系统的模式切换按钮可以方便地一键返回，恢复到系统的初始状态，保证电网运行方式的正确性。

（5）线路段负荷查看功能。能够结合配电自动化开关遥测、TTU、用采等信息，通过点选开关设备，综合查询或估算开关设备间线路段负荷大小，并可查看线路段内配变列表、负荷曲线。

（6）正常运行方式自动生成功能。支持根据正常配电网线路供电范围自动生成正常配电网运行方式，具体要求包括但不限于以下几点：

1）具备根据单一线路链路，自动生成本线路运行方式，列出本线路分界开关的功能。

2）具备提供单一变电站配电网线路正常运行方式和全网配电网线路正常运行方式的功能。

3）具备全网设备查询统计功能。

4）具备设备数量统计功能。

（7）合解环线路负荷查看功能。支持合解环操作时提供合解环线路负荷信息及线路所在母线电压信息，具体要求包括但不限于：具备在合解环操作时，系统能够显示合解环相关线路实时负荷值与线路所在母线电压值。负荷值包括当时负荷段及一定时间段最大负荷值。

6. 智能操作票功能

（1）基于网络拓扑的智能操作任务票功能。满足电网调控智能操作任务票的功能需求，实现基于时间断面的所有设备状态，调用智能操作票界面，自动编制智能操作任务票功能，具体要求包括但不限于以下几点：

1）具备全智能生成票功能，支持根据当前的运行方式，通过网络拓扑分析，提取相关专家规则，自动搜索可行的供电路径，并根据优选排序算法综合各供电路径的负荷情况先排除一些不可行的方案，并按照优劣顺序最终给出一些可行方案供调度员决策选择，调控员在确认选择后，由系统自动生成操作票。

2）具备点图成票功能，支持图形界面上进行模拟预演操作，边操作边生成操作项目，最终完成预演操作后，可以生成一张完整的操作任务票。

3）具备按典型票成票功能，支持根据操作票内容、设备名称、开票日期、拟票人等关键词迅速查找相关的系统中预先存储的典型票，在找到的典型票基础上进行编辑生成。

4）具备按历史票成票功能，支持根据操作票内容、设备名称、开票日期、拟票人等关键词迅速查找相关的历史操作票，在找到的历史票基础上进行编辑生成。

（2）与 OMS 操作票模块的接口功能。具备配电自动化系统与 OMS 操作票模块信息交互的接口，满足调度在 OMS 系统中进行操作票的审核、预发、监护、执行等流程中安全校核，具体要求包括但不限于以下几点：

1）具备将配电自动化系统开出的操作票发送至 OMS 中进行流转的功能，同时支持将 OMS 任务票送回配电自动化系统进行动画演示和校核，校核结果反馈至 OMS 的功能。

2）具备能够在 OMS 操作项执行时，同时对非自动化设备正式改变设备状态的功能，保证设备状态与现场的一致性。

（3）操作票安全校核功能。满足调度对配电自动化系统的操作票安全校核功能需求，实现对操作票的执行进行全过程监控及自动校核调度操作安全，具体要求包括但不限于以下几点：

1）具备在 OMS 操作票操作执行过程中，检查操作的正确性的功能。

2）具备在操作执行后，检查单线图设备操作结果与操作票的一致性的功能。

3）具备对是否会过载、合解环是否会出现得失电情况、是否会导致双电源用户失电、操作执行后设备的最终状态是否正确等校核提示的功能。

4）具备任务票解锁遥控功能。

（4）红图状态下也可实现智能操作票功能。具备在红图状态下与黑图状态下有同样的智能操作票功能，为调控安排红图未来态运行方式及拟写操作票提供接线图形基础。

（三）配电自动化主站管理信息大区（Ⅳ区）功能要求

1. 配电网负荷管理功能

（1）配电线路负荷管理。满足配电网线路负荷数据管控及展示需求，在负荷线路割接、网架优化时提供电流、负荷数据进行有效数据支撑。具体要求包括但不限于以下几点：

1）获取并保存配电大馈线、支线线路的功率和电流值。

2）具备在线路单线图状态下展示、调阅大馈线、支线线路的实时和历史功率和电流曲线功能。

3）能够获取线路参数，并自动生成或手动录入配电大馈线、支线线路电流限值，实现对大馈线、支线线路负载率、电流三相不平衡度、超重载告警的计算、统计、报表导出及其可视化告警功能。

4）具备线路负荷与公/专用变压器负荷断面实时分析功能，展示线路日负荷最大时的负荷断面数据。

（2）配变台区负荷管理。满足对配变负载、电流、配变台区内低压线路负荷的有效监测及管理，具体要求包括但不限于以下几点：

1）获取并保存配变低压关口、台区内低压线路的功率和电流值。

2）具备在低压台区线路图状态下展示、调阅配变低压关口及低压线路的实时、历史功率和电流曲线功能。

3）能够获取配变参数，并自动生成或手动录入配变低压关口电流限值，实现对配变低压关口负载率、电流三相不平衡度、超重载告警的统计、报表导出、可视化告警功能。

2. 配电网电压管理

（1）配电线路电压管理。以获取配电网线路电压实时数据为基础，进行线路电压分析，实现对线路电压的管理。具体要求包括但不限于以下几点：

1）获取并保存配电大馈线（即变电站母线电压）、线路节点（即自动化开关覆盖处）的电压值。

2）具备在线路单线图状态下展示、调阅大馈线、线路节点的实时和历史电压曲线功能。

3）实现对大馈线、线路节点电压值以及电压越限告警的统计、报表导出、可视化告警功能。

（2）配变台区电压管理。结合智能配变终端的上线应用，实现对配变电压及配变台区内低压线路电压的监测及管理。具体要求包括但不限于以下几点：

1）获取并保存配变低压关口、台区内低压线路的电压值。

2）具备在低压台区线路图状态下展示、调阅配变低压关口及低压线路的实时和历史电压曲线功能。计算配变低压关口电压三相不平衡度，实现对配变低压关口电压越限、电压三相不平衡度的统计、报表导出、可视化告警功能。

3. 配电网分线线损管理

通过获取联络关口的双向电量值，实现对配电网分线线损的管理。具体要求包括但不限于以下几点：

1）获取并保存配电大馈线联络关口的电量值。

2）具备在线路单线图状态下展示、调阅大馈线联络关口的日电量和历史电量功能。

3）实现对大馈线联络关口电量值的统计、报表导出功能。

4）具备节点间线损计算，分析线损异常区段，支持线损异常原因查找。

4. 配电网可靠性管理

（1）配电线路停运管理。通过对线路停运的管控，实现供电可靠性的有效提升。具体要求包括但不限于以下几点：

1）获取并保存配电大馈线、支线线路的停运事件，包括停复电时间、停运线路拓扑范围、停运关联的配变清单等。

2）具备在线路单线图状态下展示、调阅大馈线、支线线路的实时和历史停运记录功能。

3）实现对大馈线、支线线路停运的统计、导出功能。

4）通过对待批准停电计划和历史停电计划比较，实现对大馈线、支线线路重复停运的统计、导出功能。

（2）配变台区停运管理。结合智能配变终端的上线使用，通过对配变台区内的低压线路停的有效监控，实现对配变台区停运的管理，有效提升供电可靠性。具体要求包括但不限于以下几点：

1）获取并保存配变台区、低压线路的停运事件，包括停复电时间、停运低压线路拓扑范围。

2）具备在低压台区线路图状态下展示、调阅配变台区、低压线路的实时和历史停运记录功能。

3）实现对配变台区、低压线路停运的统计、导出功能。

4）通过对待批准停电计划和历史停电计划比较，实现对配变台区、低压线路重复停运的统计、导出功能。

5. 配电网故障管理

（1）配电线路故障管理。实现对配电网故障信息的集中管理，提升运维精益化管理水平。具体要求包括但不限于以下几点：

1）获取并保存配电大馈线、支线线路的故障事件，包括保护动作重合闸成功、重合闸不成和无重合闸故障、缺相、接地故障、故障发生时间、影响线路的拓扑范围。

2）具备在线路单线图状态下展示、调阅大馈线、支线线路的实时和历史故障停运记录功能。

3）实现对大馈线、支线线路故障停运的统计、导出功能。

4）通过对故障记录和历史故障记录比较，实现对大馈线、支线线路重复故障的统计、导出功能。

（2）配变台区故障停运管理。结合智能配变终端的上线使用，通过对配变故障、配变台区内的低压线路故障进行有效监控，实现对配变台区故障的管理。具体要求包括但不限于以下几点：

1）获取并保存配变台区、低压线路的故障事件，包括短路、缺相、漏电故障、故障发生时间、影响配变台区低压线路的拓扑范围。

2）具备在低压台区线路图状态下展示、调阅配变台区、低压线路的实时和历史故障记录功能。

3）实现对配变台区、低压线路故障的统计、导出功能。

4）通过对历史故障记录的比较，实现对配变台区、低压线路重复故障的统计、导出功能。各种报警功能推送应可以由使用者自由选择、启停；支持信息汇总、导出电子文档；终端查询应可以首字母模糊查询、访问。

5）具备大面积停电、灾害性天气等情况下的停运设备和负荷统计功能。

6. 配电网开关状态管理

实现对配电网中低压开关状态的管控和对开关设备的管理，具体要求包括但不限于以下几点：

1）获取并保存配电中、低压开关分合状态和动作时间、动作次数、动作原因。

2）具备在线路单线图或低压台区线路图状态下展示，调阅中、低压开关状态功能。

3）实现对配电中、低压开关历史动作次数的统计、导出功能。

4）各种报警功能推送应可以由使用者自由选择、启停；支持信息汇总、导出电子文档；各种类型设备查询应可以首字母模糊查询、访问。

7. 配电网非电气状态量管理

通过对配电网温、湿度、污秽度非电气状态量的有效监控实现对配电网非电气状态量的管理。具体要求包括但不限于以下几点：

1）获取现场终端采集到的温、湿度、污秽度信息。实现对温、湿度信息的图形曲线、报表导出、可视化告警功能。

2）实现对温度、湿度、污秽度信息的统计、导出、可视化告警功能功能。各种报警功能推送应可以由使用者自由选择、启停；支持信息汇总、导出电子文档；终端查询应可以首字母模糊查询、访问。

8. 配电自动化终端强化管理

在原有配电自动化终端管理模块的基础上，通过对部分功能的强化及扩展，提高配电终端运维管理效率。具体要求包括但不限于以下几点：

1）支持蓄电池组容量判定，支持电池组容量不足告警。

2）应具备终端通信通道流量统计及异常报警等功能。

3）配电终端对时超限告警。支持配电终端时间的调阅，配电终端对时失败告警，配电终端对时超限告警。

4）应支持按照地区、变电站、线路等条件查看或导出配电自动化终端列表。

5）各种报警功能推送应可以由使用者自由选择、启停。

6）支持配电终端的信息汇总、报表导出、可视化告警功能。终端查询应可以首字母模糊查询、访问。

7）可以定制化设置置顶标签：如"通信中断"，在下面窗口中显示按照时间排序的所有通信中断的配电终端名称。可以定制化查询终端的录波文件并显示波形。

第二节　配电自动化系统通信和安全防护

电力调度数据网作为电力系统的重要基础设施，不仅与电力系统生产、经营和服务相关，而且与电网调度与控制系统的安全运行紧密关联。随着配电自动化系统的逐渐建成及配电业务融合程度深入，配电自动化系统与营销系统、GIS/PMS 等管理系统甚至用户之间进行的数据交换也越来越频繁。这对调度数据网络的安全性、可靠性提出了新的挑战，根据国家能源局国能安全〔2015〕36 号文《电力监控系统安全防护总体方案》"安全分区、网络专用、横向隔离、纵向认证"的总体原则，配电主站系统基础平台应实现加密认证和安全访问，建立纵深的安全防护机制。

一、配电自动化系统通信

配电自动化系统通信主要有光纤、无线、载波等方式。不同通信方式下信号传输的指标如表 2-1 所示。

表 2-1　　　　　　　　　　　配电自动化采用的通信方式

功能	内容	通信方式	指标（s）
遥测	遥测越限由终端传递到配电子站/主站	光纤	≤2
		载波	≤3
		无线	≤30
遥信	遥信变位由终端传递到配电子站/主站	光纤	≤2
		载波	≤3
		无线	≤30
遥控	命令选择、执行或撤销传输时间	载波	≤60
		光纤	≤6

注　表中数据出自 Q/GDW 625《配电自动化建设与改造标准化设计技术规定》、Q/GDW 677《分布式电源接入配电网监控系统技术规范》、DL/T 283《电力视频监控系统及接口》、DL/T 814—2013《配电自动化系统技术规范》《国网配电自动化验收细则（第二版）》。

（一）光纤通信

光纤通信用光导纤维（即光缆）和光—电、电—光转换设备构成传输信息的通信系统，基本结构如图2-5所示。

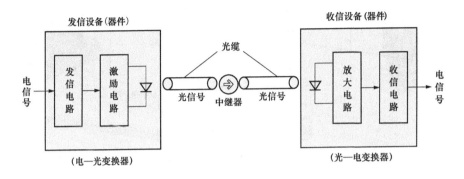

图 2-5 光纤通信系统基本结构图

以太网无源光网络（ethernet passive optical network，EPON）系统，由一个 OLT 和一组 ONU 组成，在它们之间是由光纤和 POS 组成的光分配网 CODN，其在配电自动化系统的应用组网方式如图 2-6 所示。

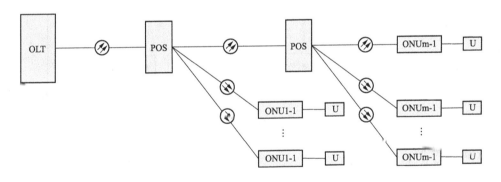

图 2-6 配电自动化 EPON 组网方式示意图

EPON 系统的下行采用 TDM（时分复用）广播方式，OLT 将全部下行信号广播出去，通过 POS 分配到各 ONU，每个 ONU 接收到所有信号，但只取出自己需要的信号。上行数据采用 TDMA 方式，每个 ONU 在一定时间间隙发送光信号（即突发发射）。所有 ONU 的突发信号通过 POS 汇合后进行异源光信号 TDM 合成，形成包括所有 ONU 信息的突发光信号。OLT 接收所有信号后根据协议进行处理。配电自动化 EPON 系统组网图如图 2-7 所示。

配电自动化 ODN（光分配网）结构如图 2-8 所示。

ONU 手拉手连接接线方式如图 2-9 所示。

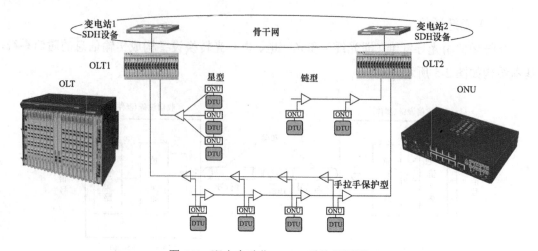

图 2-7 配电自动化 EPON 系统组网图

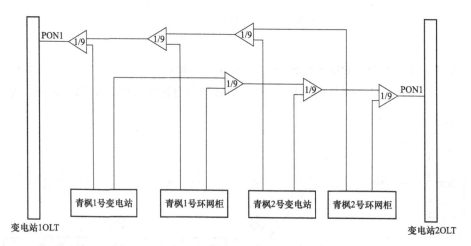

图 2-8 配电自动化 ODN（光分配网）结构图

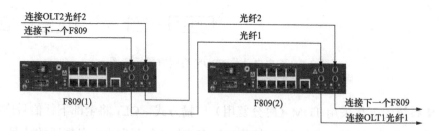

图 2-9 配电自动化 ONU 手拉手接线方式图

EPON 的技术特点有：

（1）采用单纤波分复用技术（下行 1490nm，上行 1310nm），单纤实现信号上、下行传输。覆盖范围小于 20km，建设成本较高。

（2）EPON 系统可通过星形、链形、手拉手等接入形式组网。

（3）具有抗多点失效功能。

（4）采用无源器件，故障率低。

（5）安全防护性能好。

（二）无线公网

采用租用运营商的网络（移动 GPRS/LTE）的方式进行传输，所承载业务必须满足安全分区要求。通常采用 APN 专线方式接入。配电自动化无线公网组网如图 2-10 所示。

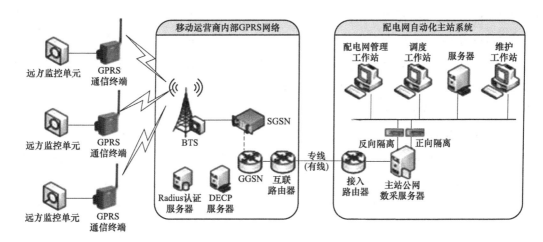

图 2-10　配电自动化无线公网组网图

配电自动化无线公网主干网络如图 2-11 所示。

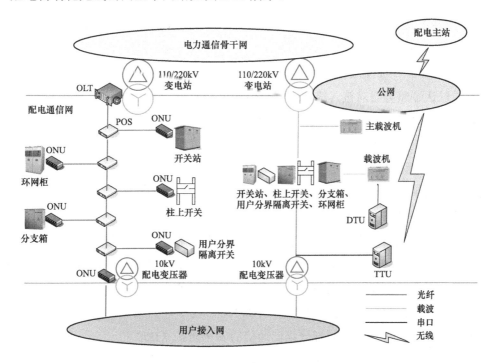

图 2-11　配电自动化无线公网主干网络图

二、配电自动化系统安全防护

（一）安全防护原则

配电自动化系统的安全防护参照"安全分区、网络专用、横向隔离、纵向认证"的原则，针对配电自动化系统点多面广、分布广泛、户外运行等特点，采用基于数字证书的认证技术及基于国产商用密码算法的加密技术，实现配电主站与配电终端间的双向身份鉴别及业务数据的加密，确保数据完整性和机密性；加强配电主站边界安全防护，与主网调度自动化系统之间采用横向单向安全隔离装置，接入生产控制大区的配电终端均通过安全接入区接入配电主站；加强配电终端服务和端口管理、密码管理、运维管控、内嵌安全芯片等措施，提高终端的防护水平。

（二）安全防护要求

配电主站生产控制大区采集应用部分与配电终端的通信方式原则上以电力光纤通信为主，对于不具备电力光纤通信条件的末梢配电终端，采用无线专网通信方式；配电主站管理信息大区采集应用部分与配电终端的通信方式原则上以无线公网通信为主。无论采用哪种通信方式，都应采用基于数字证书的认证技术及基于国产商用密码算法的加密技术进行安全防护。

当采用 EPON、GPON 或光以太网络等技术时，应使用独立纤芯或波长。

当采用 230MHz 等电力无线专网时，应采用相应安全防护措施。

当采用 GPRS/CDMA 等公共无线网络时，应启用公网自身提供的安全措施，其内容包括：

（1）采用 APN＋VPN 或 VPDN 技术实现无线虚拟专有通道。

（2）通过认证服务器对接入终端进行身份认证和地址分配。

（3）在主站系统和公共网络采用有线专线＋GRE 等手段。

（三）安全防护措施

1. 系统典型结构及边界

配电自动化系统的典型结构如图 2-12 所示。

安全防护分为以下七个部分：

（1）生产控制大区采集应用部分与调度自动化系统边界的安全防护（B1）。

（2）生产控制大区采集应用部分与管理信息大区采集应用部分边界的安全防护（B2）。

（3）生产控制大区采集应用部分与安全接入区边界的安全防护（B3）。

（4）安全接入区纵向通信的安全防护（B4）。

（5）管理信息大区采集应用部分纵向通信的安全防护（B5）。

（6）配电终端的安全防护（B6）。

（7）管理信息大区采集应用部分与其他系统边界的安全防护（B7）。

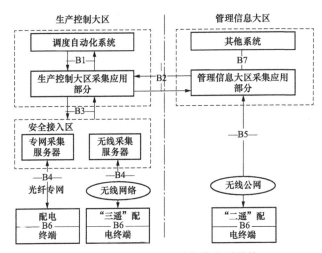

图 2-12　配电自动化系统的典型结构

2. 生产控制大区采集应用部分的安全防护

（1）生产控制大区采集应用部分内部的安全防护。无论采用何种通信方式，生产控制大区采集应用部分主机应采用经国家指定部门认证的安全加固的操作系统，采用用户名/强口令、动态口令、物理设备、生物识别、数字证书等两种或两种以上组合方式，实现用户身份认证及账号管理。

生产控制大区采集应用部分应配置配电加密认证装置，对下行控制命令、远程参数设置等报文采用国产商用非对称密码算法（SM2、SM3）进行签名操作，实现配电终端对配电主站的身份鉴别与报文完整性保护；对配电终端与主站之间的业务数据采用国产商用对称密码算法（SM1）进行加解密操作，保障业务数据的安全性。

（2）生产控制大区采集应用部分与调度自动化系统边界的安全防护（B1）。生产控制大区采集应用部分与调度自动化系统边界应部署电力专用横向单向安全隔离装置（部署正、反向隔离装置）。

（3）生产控制大区采集应用部分与管理信息大区采集应用部分边界的安全防护（B2）。生产控制大区采集应用部分与管理信息大区采集应用部分边界应部署电力专用横向单向安全隔离装置（部署正、反向隔离装置）。

（4）生产控制大区采集应用部分与安全接入区边界的安全防护（B3）。生产控制大区采集应用部分与安全接入区边界应部署电力专用横向单向安全隔离装置（部署正、反向隔离装置）。

3. 安全接入区纵向通信的安全防护（B4）

安全接入区部署的采集服务器。必须采用经国家指定部门认证的安全加固操作系统，采用用户名/强口令、动态口令、物理设备、生物识别、数字证书等至少一种措施，实现用户身份认证及账号管理。

当采用专用通信网络时，相关的安全防护措施包括：①应当使用独立纤芯（或波长），保证网络隔离通信安全；②应在安全接入区配置配电安全接入网关，采用国产商用非对称密码算法实现配电安全接入网关与配电终端的双向身份认证。

当采用无线专网时，相关安全防护措施包括：①应启用无线网络自身提供的链路接入安全措施；②应在安全接入区配置配电安全接入网关，采用国产商用非对称密码算法实现配电安全接入网关与配电终端的双向身份认证；③应配置硬件防火墙，实现无线网络与安全接入区的隔离。

4. 管理信息大区采集应用部分纵向通信的安全防护（B5）

配电终端主要通过公共无线网络接入管理信息大区采集应用部分，首先应启用公网自身提供的安全措施；采用硬件防火墙、数据隔离组件和配电加密认证装置的防护方案。硬件防火墙采取访问控制措施，对应用层数据流进行有效的监视和控制。数据隔离组件提供双向访问控制、网络安全隔离、内网资源保护、数据交换管理、数据内容过滤等功能，实现边界安全隔离，防止非法链接穿透内网直接进行访问。配电加密认证装置对远程参数设置、远程版本升级等信息采用国产商用非对称密码算法进行签名操作，实现配电终端对配电主站的身份鉴别与报文完整性保护；对配电终端与主站之间的业务数据采用国产商用对称密码算法进行加解密操作，保障业务数据的安全性。

5. 配电终端的安全防护（B6）

配电终端设备应具有防窃、防火、防破坏等物理安全防护措施。

（1）接入生产控制大区采集应用部分的配电终端。接入生产控制大区采集应用部分的配电终端通过内嵌一颗安全芯片，实现通信链路保护、双重身份认证、数据加密。

接入生产控制大区采集应用部分的配电终端，内嵌支持国产商用密码算法的安全芯片，采用国产商用非密码算法在配电终端和配电安全接入网关之间建立 VPN 专用通道，实现配电终端与配电安全接入网关的双向身份认证，保证链路通信安全。

利用内嵌的安全芯片，实现配电终端与配电主站之间基于国产非对称密码算法的双向身份鉴别，对来源于主站系统的控制命令、远程参数设置采取安全鉴别和数据完整性验证措施。

配电终端与主站之间的业务数据采用基于国产对称密码算法的加密措施，确保数据的保密性和完整性。对存量配电终端进行升级改造，可通过在配电终端外串接内嵌安全芯片的配电加密盒，满足上述安全防护强度要求。

可以在配电终端设备上配置启动和停止远程命令执行的硬压板和软压板。硬压板是物理开关，打开后仅允许当地手动控制，闭合后可以接受远方控制；软压板是终端系统内的逻辑控制开关，在硬压板闭合状态下，主站通过一对一发报文启动和停止远程控制命令的处理和执行。

（2）接入管理信息大区采集应用部分的配电终端。接入管理信息大区采集应用部分的"二遥"配电终端通过内嵌一颗安全芯片，实现双向的身份认证、数据加密。利用内嵌的安全芯片，实现配电终端与配电主站之间基于国产非对称密码算法的双向身份鉴别，对来源于配电主站的远程参数设置和远程升级指令采取安全鉴别和数据完整性验证措施。

配电终端与主站之间的业务数据应采取基于国产对称密码算法的数据加密和数据完整性验证，确保传输数据保密性和完整性。对存量配电终端进行升级改造，可通过在终端外串接内嵌安全芯片的配电加密盒，满足"二遥"配电终端的安全防护强度要求。

（3）现场运维终端。现场运维终端包括现场运维手持设备和现场配置终端等设备。现场运维终端仅可通过串口对配电终端进行现场维护，且应当采用严格的访问控制措施；终端应采用基于国产非对称密码算法的单向身份认证技术，实现对现场运维终端的身份鉴别，并通过对称密钥保证传输数据的完整性。

6. 管理信息大区采集应用部分内系统间的安全防护（B7）

管理信息大区采集应用部分与不同等级安全域之间的边界，应采用硬件防火墙等设备实现横向域间安全防护。

第三节　配电自动化终端

一、配电自动化终端分类

配电自动化终端是配电自动化系统的重要组成部分，是安装在配电设备处，与配电自动化主站通信，完成数据采集与控制的自动化装置，简称配电终端。配电终端实时采集并向配电自动化主站上传配电网的运行数据和故障信息，接受其控制命令，实现对配电设备的远程控制，同时能够利用自身量测信息完成就地控制和保护功能。根据监控对象的不同，配电终端可分为站所终端（distribution terminal unit，DTU）和馈线终端（feeder terminal unit，FTU），按照功能可分为"三遥"（遥测、遥信、遥控）终端和"二遥"（遥测、遥信）终端，按照通信方式又可分为有线通信方式和无线通信方式类型终端。

（一）站所终端

站所终端是安装在中压配电网开关站、环网室、环网箱、配电室和箱式变电站等处的配电终端，通常有集中式和分散式两种结构形式。集中式站所终端采用插箱式结构，测控单元集中组屏，通过控制电缆（航空接插件或矩形连接器）与各一次间隔内的电压、电流互感器及操作控制回路连接。分散式站所终端由若干个间隔单元和公共单元组成，间隔单元独立安装在各间隔开关柜内，具备就地测控功能。公共单元和电源等安装在公共单元柜内，具备汇聚各间隔单元数据、远程通信等功能。间隔单元和公共单元通过现场通信总线连接，相互配合，共同完成功能。

（二）馈线终端

馈线终端是安装在中压配电网架空线路中的分段开关、联络开关、分支开关、用户分界开关等处的配电终端，通常安装在户外柱上，通过航空接插件与开关内的电压/电流互感器（或传感器）、操作控制回路连接。馈线终端按照结构不同可分为罩式终端和箱式终端。

二、配电自动化终端基本构成

配电自动化终端一般由测控单元、人机接口、通信终端、操作控制回路、电源等部分构成。根据配电终端类型、应用场合不同，配电终端的结构也不同，下面以标准化设计的集中式站所终端、分散式站所终端、馈线终端为例进行介绍。

（一）集中式站所终端

1. 测控单元

集中式站所终端的测控单元主要完成数据采集和处理、故障检测与故障信号记录、保护、控制、通信等功能，采用平台化、模块化设计，一般由电源插板、CPU 插板、模拟量插板、开关量插板、控制量插板、通信插板以及标准插箱组成，安装在站所终端柜体内，各功能插板数量可根据不同的应用需求灵活配置。

2. 人机接口

人机接口用于终端配置维护和运行监视，包括状态指示灯、液晶面板、操作键盘。状态指示灯用于指示终端的各种运行状态，包括电源、故障、通信、后备电源、保护动作以及开关分合闸状态指示灯。液晶面板和操作键盘用于显示测量数据、运行参数配置与维护。由于液晶面板和操作键盘受环境温度的影响较大，为简化装置、提高可靠性，一般情况下终端不配备液晶显示面板和操作键盘，通常使用便携式 PC 机，通过维护通信口对其进行配置与维护。

3. 通信终端

通信终端与测控单元的通信接口连接，根据所连接的通信通道类型不同，分为光纤终端、无线终端、载波通信终端。

4. 操作控制回路

操作控制回路用于开关分合闸操作控制，根据 Q/GDW 11815《配电自动化终端技术规范》，集中式站所终端的操作功能与间隔柜二次回路操作功能融合，统一在一次间隔柜侧完成操作功能。集中式站所终端操作控制部分如图 2-13 所示。

间隔操作模块包含遥控合闸、遥控分闸、保护合闸、保护分闸 4 个压板，以及分合闸按钮、分合闸状态指示灯、转换开关。操作面板如图 2-14 所示。

操作方式转换开关用以选择就地和远方两种开关操作方式，当选择就地时，可通过面板上的分合闸按钮进行开关分合闸操作；当选择远方时，可通过远方遥控方式进行开关分合闸操作。遥控和保护分合闸压板为操作开关提供明显断开点，在检修、调试时打开以防止信号进入分合闸回路，避免误操作。

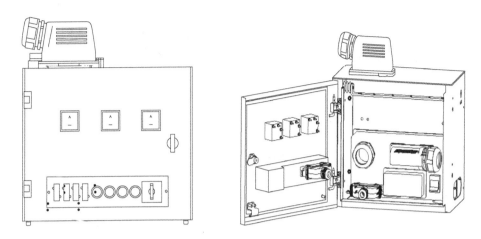

图 2-13　集中式站所终端操作控制部分

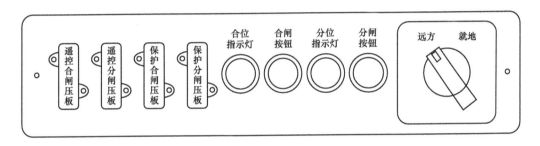

图 2-14　集中式站所终端操作面板

5. 电源

配电终端的主供电源通常为 TV 二次侧的交流输入电源，根据不同的应用场景，也可选就近市电或配电室、箱式变电站低压侧交流供电等外部交流电源。通过电源模块为终端核心单元、通信设备、开关分合闸提供正常工作电源，通常提供直流 24V 或 48V 电压等级。后备电源一般采用免维护阀控铅酸蓄电池或超级电容，或采用其他新能源电池，如电容电池、钛酸锂电池等。电源模块和电池组安装在站所终端屏柜内。

6. 计量模块

站所终端具备电能计量功能，常用独立的计量模块内置于 DTU 屏柜内，采用 RS232/RS485 与 DTU 进行通信，实现计量数据上传。

（二）分散式站所终端

1. 间隔单元

分散式站所终端间隔单元采用模块化、可扩展、低功耗、免维护的设计，嵌入安装在开关柜的二次室面板，采用线束与间隔柜二次模块连接，线束两侧采用矩形连接器连接。主要完成数据采集、故障处理、控制、保护、通信、线损测量等功能。分散式站所终端间隔单元展示面板如图 2-15 所示。

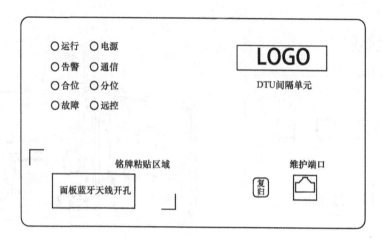

图 2-15　分散式站所终端间隔单元展示面板

间隔单元柜内除间隔单元和二次模块外，还包括操作模块，通过矩形连接器和二次模块连接，实现终端操作控制功能。分散式站所终端操作控制部分如图 2-16 所示。

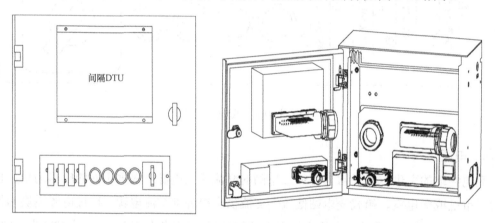

图 2-16　分散式站所终端操作控制部分

2. 公共单元

分散式站所终端公共单元由无线通信模块、人机接口等组成，安装在公共单元柜内部，采用多端口机制实现各间隔单元实时数据、历史数据的上送及参数的调阅和配置，包括各个间隔单元遥信、遥测数据、保护事件、录波数据、运行状态、电能量数据等相关信息。通过通信设备将公共单元和各间隔单元的通信状态信息远传至配电主站，获取主站下发的遥控命令，实现对每个间隔单元的遥控操作。分散式站所终端公共单元展示面板如图 2-17 所示。

3. 电源和通信

除公共单元外，公共单元柜还包括后备电源、电源管理模块、交换机和矩形连接器，光纤通信箱安装在公共单元柜上方。公共单元柜通过矩形连接器和 TV 柜连接，为终端提供 220V 的三相交流电源，通过电源管理模块同时为公共单元、若干个间隔单元、通信设备、开关分合闸提供电源，一般提供直流 24V 或 48V 电压等级。后备电源可采用免维护阀控铅酸蓄电池、超级电容或其他新能源电池，如电容电池、钛酸锂电池等，后备电源额定电压一般为 48V。交换机主要有 DTU 用交换机和分布式 FA 用交换机，分别实现公共单元和间隔之间的通信以及分布式馈线自动化组网。

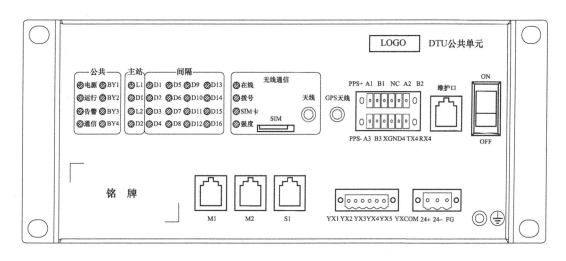

图 2-17　分散式站所终端公共单元展示面板

（三）馈线终端

箱式 FTU 与 DTU 结构类似，下面以罩式 FTU 为例介绍馈线终端结构。罩式 FTU 的后备电源一般采用超级电容内置或外接后备电源形式，并配置无线通信模块。

馈线终端和开关本体采用专用电缆连接，连接电缆双端预制，采用航空插头形式，开关本体和 FTU 安装航空插座。根据柱上开关互感器/传感器配置的不同，馈线终端分为电磁式和电子式馈线终端。二者配置的航空接插件有所不同，电磁式 FTU 的航插接口包括 6 芯电源电压接口、14 芯控制信号接口和 6 芯电流接口，电子式 FTU 的航插接口包括 6 芯电源接口、10 芯控制信号接口和 14 芯电压电流接口。

罩式 FTU 的接口界面除了和一次侧开关连接的各类航插接口外，还包括外接式后备电源接口、以太网通信接口、告警指示灯、分合闸按钮和操作面板。操作面板由状态指示灯、维护通信口、分合闸压板和远方就地拨码等，有液晶面板和非液晶面板两种配置。罩式 FTU 的接口界面如图 2-18 所示。

三、配电自动化终端功能

配电自动化终端类型多样，按照功能可分为"三遥"终端和"二遥"终端，其功能大体相同，下面以"三遥"终端为例进行介绍。

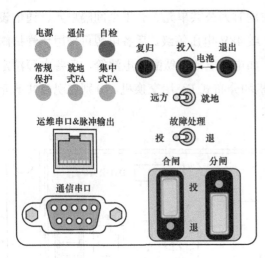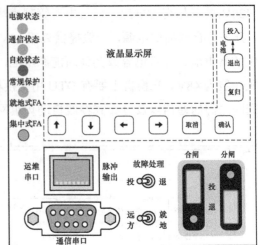

图 2-18 罩式 FTU 的接口界面

（一）测量功能

1. 数据采集

终端具备模拟量、状态量就地采集和远传功能。模拟量包括电压、电流、频率、有功/无功功率、视在功率、功率因数、零序电压/电流、后备电源电压、装置温度、经纬度和信号强度等。状态量包括开关分/合、远方/就地、过电流Ⅰ段/过电流Ⅱ段保护动作、电压/负荷越线告警、功能软压板状态等。

终端具备遥信防抖动功能和双位置遥信处理功能,能防止涌流和负荷波动引起误报警,具备 TA 极性反向调整功能。

2. 电能量测量

终端具备单独计量每个间隔的正向/反向有功电能量、正向/反向无功电能量和四象限无功电能量的功能,能实现电能量定点冻结、电能量日冻结和功率反向电能量冻结功能,具备电度清零功能。

（二）控制功能

终端接受配电自动化主站的控制命令,完成开关分合闸和电池活化启停等开关量输出控制。具备远方/就地切换开关和控制/保护出口硬压板,支持控制出口软压板功能。终端保护出口和控制出口独立,具备就地维护时就地切除故障能力。

（三）保护功能

终端具备相间短路和不同中性点接地方式下接地故障的故障检测、判断与录波功能,且接地故障可在现场不具备零压和零流测量条件下实现。支持上送故障事件,包括故障遥信信息及故障发生时刻开关电压、电流值,支持录波数据循环存储并上传至主站。具备故障就地动作功能,可直接切除相间短路故障和不同中性点接地方式下接地故障,故障就地动作功能支持按间隔投退。

终端具备自动重合闸和过电流、零序过电流、小电流接地保护后加速功能，具备励磁涌流防误动作、非遮断电流闭锁、失压告警、零序过电压告警、TV 断线告警等功能。远方/就地转换开关不限制保护出口。具备故障指示手动复归、自动复归和主站远程复归功能。

相间短路故障检测采用过电流检测原理，具有过电流保护跳闸和告警功能，具备三段保护，可对保护动作时限/告警时限、电流定值进行设定。小电阻接地系统中的单相接地短路故障检测采用零序电流越限原理，具有零序电流保护跳闸和告警功能，具备两段保护，可对保护动作时限/告警时限、电流定值进行设定。

中性点非有效接地系统的单相接地故障（简称小电流接地故障）定位方法有零序电流法、注入信号法和暂态定位法。

（四）分布式馈线自动化功能

对配电网故障定位、隔离、恢复快速性要求较高的场合，在主干线、母线、首开关、联络开关等配置分布式 FA，通过 GOOSE 通信实现信号交互，主干线使用信号量纵联保护。主要适用于单电源辐射状、单环网、双环网、双花瓣、N 供一备、N 供多备等典型网架。

分布式馈线自动化处理不依赖主站或子站，主要通过检测故障区段两侧短路电流、接地故障的特征差异，通过相互通信自动实现馈线的故障定位、隔离和非故障区域恢复供电的功能，并将处理过程及结果上报配电自动化主站，上报信息包括但不限于 FA 投退、FA 闭锁、FA 跳闸动作、FA 合闸动作、转供闭锁、拒动信息、通信异常等。终端支持速动型馈线自动化，模式可通过定值投退。支持主站远方投退分布式馈线自动化软压板。配套分布式馈线自动化维护工具软件。

（五）通信功能

1. 远程通信

终端具备远程通信接口，采用光纤通信时具备通信状态监视及通道端口故障监测功能，采用无线通信时具备监视通信模块状态等功能。无线通信采用公网专网合一（公网 4G/3G/2G 五模自适应、专网 4G）远程通信模块，支持公网 4G/3G/2G 五模自适应、专网 4G，宜支持 5G，支持端口数据监视功能，具备网络中断自动重连功能。无线通信模块应支持本地维护功能，可通过本地维护接口支持调试、参数设置、状态查询和软件升级，具备监测无线信号强度，并记录上传。

2. 本地通信

终端具备串口通信功能，用于本地运维和通信扩展。终端通过串口和电源模块通信，终端维护串口采用 RS232 线与维护工具连接。终端应具备 1 路安全加密的蓝牙通信模块，用于终端本地运维，支持蓝牙 4.2 及以上版本。终端核心单元/公共单元支持本地无线通信模块连接。终端本地状态感知数据应支持微功率无线通信方式。终端其他本地通信协议应支持 Modbus、101 等协议，可灵活适应现场要求，具备通信接收电缆接头温度、柜内温湿度等状态监测数据功能，具备通信接收备自投等其他装置数据功能。

（六）电源功能

终端配套电源应能满足终端、配套通信模块同时运行，并为开关电动操动机构提供电源。主供电源具备双路交流电源输入和自动切换功能。配备后备电源，当主供电源供电不足或消失时，能自动无缝投入，当主供电源恢复供电后，终端应自动切回到主供电源供电。终端具备智能电源管理功能，后备电源为蓄电池时，应具备定时、远方活化功能，具备低电压报警和欠电压切除等保护功能，可上传电池电压、低电压报警信号、交流掉电信号、电池活化状态信号、主动活化最大放电时长、主动活化当前放电时长等信息。

（七）其他功能

1. 管理功能

终端具备当地及远方设定定值功能和运行参数的当地及远方调阅与配置功能，配置参数包括零门槛值（零漂）、变化阈值（死区）、重过载报警限值、短路及接地故障动作参数等。具备终端固有参数的当地及远方调阅功能，调阅参数包括终端类型及出厂型号、终端 ID 号、嵌入式系统名称及版本号、硬件版本号、软件版本号、通信参数及二次变比等。具备当地及远方设定定值功能，宜遵循统一的查询、调阅软件界面要求，支持程序远程下载，支持安全密钥远程下载，提供当地调试软件或人机接口。具备终端日志记录功能和明显的线路故障、终端状态和通信状态等就地状态指示信号。

2. 对时和定位功能

终端具备对时功能，应支持北斗/GPS、规约通信等对时方式，接收主站或其他时间同步装置的对时命令，与系统时钟保持同步，优先使用北斗/GPS 对时。自带北斗/GPS 双模模块，提供天线接口，通过外接天线实现与北斗/GPS 的连接。具备北斗/GPS 定位功能，定位精度不大于 10m，具备将定位数据上送主站功能。

3. 安全功能

终端具备基于内嵌安全芯片实现的信息安全防护功能，支持安全密钥管理功能，包括远程下载、更新、恢复等。当采用串口进行本地运维时，终端应基于内嵌安全芯片实现对运维工具的身份认证，以及交互运维数据的加解密。当采用蓝牙通信方式进行本地运维时，终端应采用支持安全加密功能的蓝牙通信模块，实现与运维工具之间的连接加密，并通过终端内嵌安全芯片实现终端对运维工具的身份认证和数据加解密。

四、配电二次回路

配电二次回路按照电路类别可分为直流回路和交流回路，其中交流回路包括交流电流回路和交流电压回路。按照回路功能用途可分为测量回路、控制回路、信号回路等，其中控制回路主要包括合闸回路和分闸回路。

（一）遥测回路

遥测回路是由电压、电流等一次模拟量的测量回路组成，某配电终端的遥测回路接线原理如图 2-19 所示，图中 In1 是终端核心单元的遥测板件。

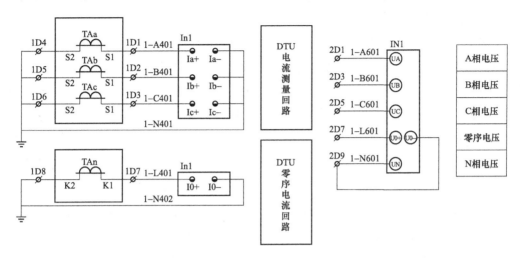

图 2-19　终端遥测回路接线原理示意图

1. 交流电流测量回路

交流电流测量回路由电流互感器二次侧供电给配电终端的电流线圈等所有电流元件的全部回路，常用的电流互感器有电磁式电流互感器和电子式电流互感器两种。电磁式电流互感器一次侧流过一次设备的大电流，利用一、二次绕组间电磁感应作用将一次侧交流电流按额定电流比转换为二次侧电流，通常二次电流的额定值为 5A 或 1A，方便测控装置进行采集。终端一般配置独立的三相电磁式电流互感器和电磁式零序电流互感器，三相电磁式电流互感器的额定变比通常为 600A/5A 和 600A/1A，零序电流互感器的额定变比通常为50A/1A 和 100A/1A。终端交流电流测量回路示意图如图 2-20 所示。

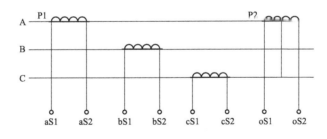

图 2-20　终端交流电流测量回路示意图

电子式电流互感器按测量原理分类，主要有低功耗电磁式电流互感器和空心线圈电流互感器。低功耗电磁式电流互感器与常规电磁式电流互感器的主要区别是采用了电子技术的输出处理方式，大部分为模拟电压信号，比常规电磁式电流互感器拥有更大的电流测量范围。空心线圈电流互感器在测量原理上和常规电磁式电流互感器相同，不同的是采用空心线圈为传感载体，避免了常规电流互感器测量故障电流时的磁路饱和现象，且无二次开路危险。三相和零序低功耗电磁式电流互感器的额定变比通常为 600A/1V 和 20A/0.2V。

2. 交流电压测量回路

交流电压测量回路包括由电压互感器二次侧供电给配电终端电压线圈的全部回路，电压互感器有电磁式电压互感器和电子式电压互感器两种。电磁式电压互感器根据电磁感应原理将一次侧交流电压按额定电压比转换成二次侧电压，供各种二次设备使用，同时也用于二次设备与一次设备之间高压隔离，保证人身和设备安全。通常测量用电压互感器二次电压的额定值为 100V 或 $100/\sqrt{3}$ V。

在交流电压二次回路中，通常采用 V-V 接线和三相五柱式接线。V-V 接线方式由两个单相电压互感器分别接于线电压 U_{ab} 和 U_{bc} 上，一次侧绕组不能接地，二次侧绕组为了防止高压串入必须一点接地。V-V 接线适用于小电流接地系统，不能直接采集单相电压，可采集到对称的三个线电压。三相五柱式接线的一次侧绕组接成星形接线方式，互感器接于相地之间，二次侧绕组接成星形/开口三角形接线，可测量三个单相电压和零序电压。终端交流电压测量回路示意图如图 2-21 所示。

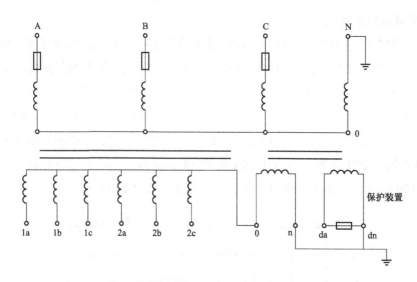

图 2-21　终端交流电压测量回路示意图

电子式电压互感器将常规电压互感器的输出电子化，输出模拟电压小信号。这种电压互感器的结构可以是电磁感应原理，也可以是各种类型的分压结构，如电阻分压、电容分压和电感分压等。

电子式电压互感器常用于一、二次融合成套柱上断路器中，安装在开关内部，采用电阻分压结构，用于交流电压测量。另外，一、二次融合成套柱上断路器的电源电压互感器可采用外置的电磁式电压互感器和内置的电子式电压互感器两种。电磁式电源电压互感器采用 V-V 接线，二次电压的额定值为 220V。电子式电源电压互感器采用电容分压结构，其二次电压的额定值为 6V，用于超低功耗的馈线终端。

（二）遥控回路

遥控是指主站下发远程指令，对远程开关设备进行控制分合闸，遥控对象可以为断路器、负荷开关和蓄电池。遥控按照选择、返校、执行三个步骤，主站下发遥控选择命令，终端正确接收后上送遥控返校报文，主站正确接收返校信息后下发遥控执行命令，被控设备动作，终端将开关位置遥信上送给主站，遥控结束。终端遥控策略如图 2-22 所示。

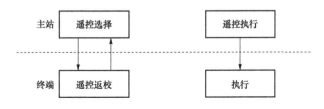

图 2-22　终端遥控策略

某配电终端的遥控回路原理图如图 2-23 所示。SA 表示远方/就地切换把手，1FZ、1HZ 分别表示分合闸按钮，1LP、2LP、3LP、4LP 分别表示遥控合闸、遥控分闸、保护合闸、保护分闸压板，KF1、KH1、DZF1、DZH1 分别表示终端内部的遥控分闸、遥控合闸、保护分闸、保护合闸继电器。由图 2-23 可看出，保护出口回路独立于遥控出口回路，且不受远方/就地切换影响。

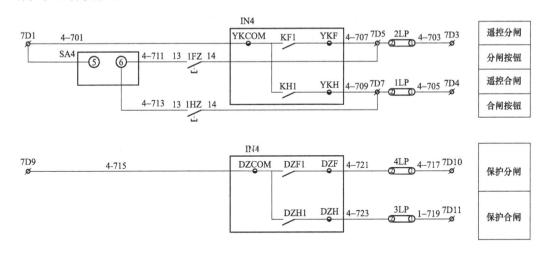

图 2-23　终端遥控回路示意图

（三）遥信回路

遥信回路是用来采集、指示一次设备运行状态的二次回路，包括位置信号、事故信号、终端启动、动作、告警信号灯。某配电终端的遥信回路如图 2-24 所示，信号回路是通过辅助触点的开、闭来反映其状态的，辅助触点的一端接入信号采集正电，另一端接入终端采集的开入点，当辅助触点闭合时，终端开入点采集到正电，终端内部判断该遥信为合位。

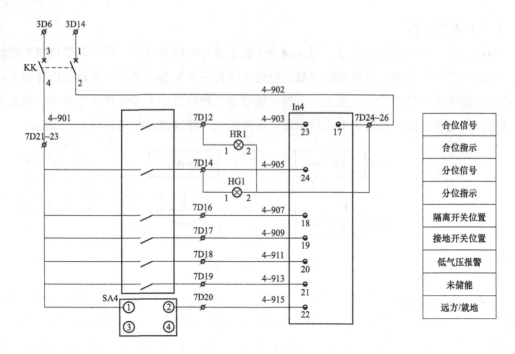

图 2-24　终端遥信回路示意图

（四）电源回路

配电终端的交流工作电源通常取自线路 TV 的二次侧输出，某终端电源回路如图 2-25 所示，终端屏柜内电源模块将交流输入 220V 转换为 DC 24V/DC 48V，给装置供电，提供开关分合闸、储能、遥信、线损设备、通信设备的工作电源。电源模块有 2 组 AC 220V 的交流输入电源和 1 组 DC 48V 的后备直流输入电源，具备无缝投切后备电源的功能。

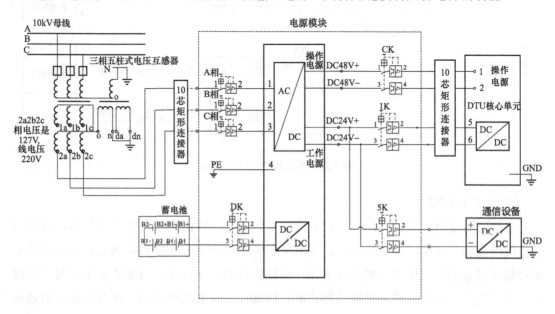

图 2-25　终端电源回路示意图

电源模块是配电终端供电系统的核心部件，当 TV 提供交流输入时，电源模块实现 AC/DC 功能，将交流转变为直流后给终端设备供电，同时对电池进行浮充电。当 TV 失电后，后备电源为电源模块提供直流输入，电源模块实现 DC/DC 功能，将电池直流转变为所需要的直流后给终端设备供电。

第四节　配电数字化在低压物联网的应用

一、配电物联网技术应用

（一）配电物联网总体架构

配电物联网的"感知层、网络层、平台层、应用层"技术架构，参考工业互联网"云边端"和通信网络架构体系，提出并构建了配电物联网系统架构，如图 2-26 所示。

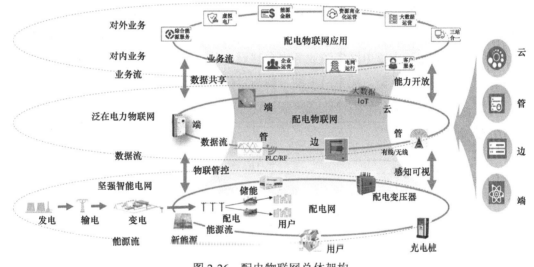

图 2-26　配电物联网总体架构

1. "云"

"云"层采用"物联网平台＋业务微服务＋大数据＋人工智能"的技术架构，实现海量终端连接、系统灵活部署、弹性伸缩、应用和数据解耦、应用快速上线等功能，满足业务需求快速响应、应用弹性扩展、资源动态分配、系统集约化运维等要求。

2. "管"

"管"层采用"远程通信网＋本地通信网"的技术架构，通过通信通道 IP 化、物联网协议、物联网信息模型，实现通信网络自组网、设备自发现自注册、资源自描述的功能，支撑边端设备的即插即用，满足配电业务处理实时性和带宽需求。

3. "边"

"边"层采用"统一硬件平台＋边缘操作系统＋App 业务应用软件"的技术架构，融合网络、计算、存储、应用核心能力，通过边缘计算技术提高业务处理的实时性，降低云主站通信和计算的压力；通过软件定义终端，实现电力系统生产业务和客户服务应用功能的灵活部署。

4．"端"

"端"层采用"通用硬件平台＋轻量级物联网操作系统＋设备业务应用软件"的技术架构，实现配电网的运行状态、设备状态、环境状态以及其他辅助信息等基础数据的采集，并执行决策命令或就地控制，同时完成与电力客户的友好互动，有效满足电网生产活动和电力客户服务需求。

（二）配电物联网关键技术

1．"云"层关键技术

"云"层应用云计算技术、微服务架构技术、海量终端接入技术、大数据分析技术、人工智能分析技术等，实现业务与数据解耦、资源高效配置，在数据可靠性、数据安全性和决策高效性的同时，还实现业务数据对多业务系统的共享。

配电云主站作为配电实时数据中枢，对各类智能终端、智能装备上送的实时采集数据进行统一分析与处理，基于设备的融合建模，形成不同电压等级、不同类型的设备实时数据的全局融通、共用，支撑电网资源业务中台建设，并通过采样形成历史数据，向数据中台汇聚配电网专业历史数据。配电网主站目标与定位如图 2-27 所示。

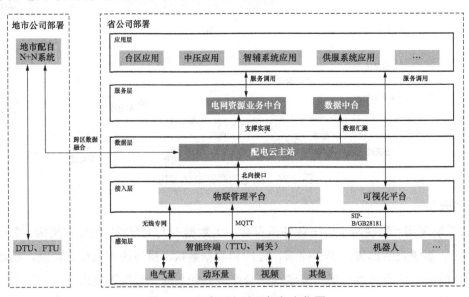

图 2-27　配电网主站目标与定位图

配电云主站对下承接物联管理平台接入的智能感知层数据，并跨区融合地市公司配电自动化系统的中压配电网运行数据，实现对中低压配电网一张图的实时分析；对上通过开放标准化的数据访问服务，支撑电网资源业务中台微服务建设，并将分析、处理结果作为配网历史数据汇集至数据中台。具体应用架构如图 2-28 所示。

如图 2-28 所示，业务应用方面，从电网广泛互联、设备全景感知、管理精准透明、作业智能高效等 4 个方面策划中低压拓扑识别、中低压线损管理、中低压故障定位、中低压故障预知、无人机智能巡检、带电作业机器人智能巡检等多个应用场景。

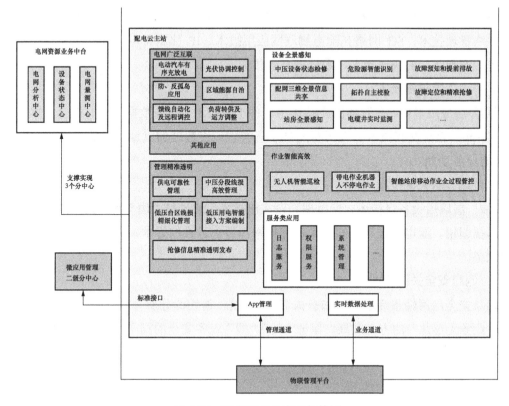

图 2-28 配电网主站应用架构图

管理应用上，通过调用物联管理平台接口对智能终端设备中的容器和 App 进行统一管理。

在建模方面，遵循国家电网有限公司 SG-CIM 标准及国际 IEC CIM 61970/61968 标准，配电云主站针对现有电网模型中的量测数据模型进行适配改造，对中压配电数据、低压配电物联数据、站房智辅数据进行统一建模，实现不同电压等级、不同设备类型、不同业务场景下数据的即插即用及互操作性。对下适配物联网场景下的各类传感器接入需求，对上提供统一、标准数据模型支撑各类应用服务，解决数据孤岛的问题。针对电网实时运行监测、设备运行环境实时监测等不同业务以及来源于不同类型终端的数据，在数据层完成数据共通融合，支撑数据融合价值挖掘，业务融合管理精益化提升，促进基于数据融合的各类微应用研发生态发展。

在数据支撑方面，配电云主站基于分布式流计算架构进行高并发、大批量的测点实时数据分析。在图数据库的基础上，构建电网图模支撑电网一张图的实时分析。通过以上实时分析手段，将物联管理平台采集的生数据转化成熟数据后，对上支撑电网资源业务中台的运行以及数据中台的数据汇聚。在服务支撑方面，配电实时数据分析中心基于公共层提供的微服务、容器编排、GIS 等平台组件，支撑中低压配电自动化、物联网实时准实时、配电网运营、供电服务指挥等应用的建设。

2. "管"层关键技术

"管"层应用 IEC 61850、IEC CIM 模型和物联网信息模型融合扩展技术、边云和边端通信网络管理技术、5G 网络在配电物联网应用技术、IP 化宽带电力线载波和微功率无线技术等,实现终端的快速接入、数据的高效传输。

3. "边"层关键技术

"边"层应用多核、多容器的终端通用软件平台技术、多源数据处理与融合技术、应用程序(App)信息交互技术、人工智能技术,实现边缘数据的就地化决策、通过软件定义"边"的业务功能。

4. "端"层关键技术

"端"层应用设备自描述、自发现、自注册技术,通过与"边"和"云"的配合,实现设备即插即用、配电网全息感知,满足配电网精益化运维的诉求,同时提供可靠、友好的客户服务。

5. 信息安全关键技术

信息安全应用轻量级通信的加密认证、基于统一密钥的分层分域身份认证技术,向"轻量级、业务无感知"的方向发展,保证"边""端"设备安全的同时,减轻物联网网络传输压力和现场部署成本。

二、低压智能融合终端

低压智能融合终端以低压台区为枢纽,通过与智能电表、智能断路器等低压侧设备的互动,实现低压设备、用户的实时运行状态监测,实现低压配电网的透明化管控,解决配电网到用户的最后 100m 问题。

为遵循泛在电力物联网体系"云—管—边—端"建设构架,新一代配变终端——智能融合终端在电力系统中得到广泛应用。智能融合终端具备信息采集、物联代理及边缘计算功能,支撑营销、配电及新兴业务。采用硬件平台化、功能软件化、结构模块化、软硬件解耦、通信协议自适配涉及等手段,满足高性能并发,大容量存储,多采集对象需求,集配电台区供用电信息采集,各采集终端或电能表数据收集,设备状态监测及通信组网,就地化分析决策,协同计算等功能于一体。

智能融合终端支持配电、用采系统和统一物联管理平台通信协议,在安全防护上采用"双安全芯片、统一密钥管理"的加密方案,实现安全接入用采系统和配电系统主站。远程通信信道支持无线公网/专网等通信方式将业务数据分发至对应业务主站;本地通信信道支持 HPLC、RS485 等多种通信方式与感知单元进行数据交互。物联网体系架构如图 2-29 所示。

智能融合终端中外接端口包括连接器 1 个,网口 2 个(FE 网口),调试串口 1 个,远程通信模块 1 个,本地通信模块 1 个。智能融合终端结构如图 2-30 所示。

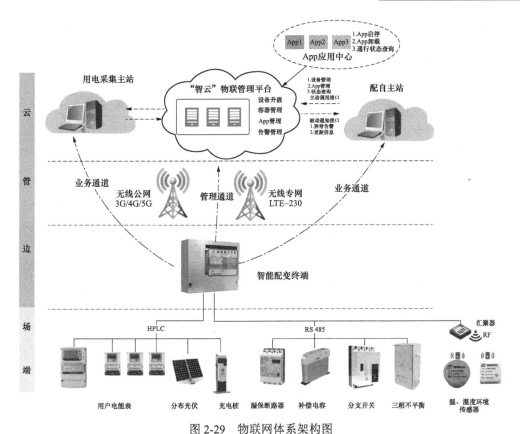

图 2-29　物联网体系架构图

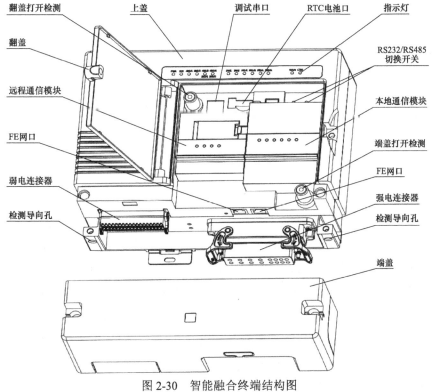

图 2-30　智能融合终端结构图

终端连接器采用强电与弱电一体式结构，强弱电连接器具有 4 组防电流回路开路接线端子、8 芯交流电压接线端子和 40 芯弱电接线端子。智能融合终端接线如图 2-31 所示。

遥信		
	1	YX1
	2	YX2
	3	YXCOM1.2
	4	YX3
	5	YX4
	6	YXCOM3.4
遥信		
	1	RS232 I RX
	2	RS232 I TX
	3	RS232 I GND
	4	RS232 II RX
	5	RS232 II TX
	6	RS232 II GND
	7	RS485 I A
	8	RS485 I B
	9	RS485 II A
	10	RS485 II B
	11	RS485 III A
	12	RS485 III B
	13	RS485 IV A
	14	RS485 IV B
温度		
	1	TV100 I +
	2	TV100 I −
	3	TV100 I COM
	4	TV100 II +
	5	TV100 II −
	6	TV100 II COM
脉冲		
	1	有功脉冲
	2	无功脉冲
	3	秒脉冲
	4	脉冲公共端

电流	
I_a	1
I_b	2
I_c	3
I_a'	4
I_b'	5
I_c'	6
I_0	7
I_0'	8

电压			
U_a	2	空开	1
U_b	4		3
U_c	6		5
U_n	4		

图 2-31　智能融合终端接线图

终端内 App 将采集处理的数据存放到数据中心内，供高级 App 使用或上传至主站。通过智能融合对配变、箱式变压器设备的运行数据监测，包括三相电流、三相电压、功率、三相相角等基本遥测数据进行采集，再利用融合终端本地和云主站聚合分析，可以实现配变运行状态监测、供电可靠性分析、电能质量分析、台区负荷预测、台区可开放容量预测等基础分析，再通过融合终端与低压智能设备设备互联，可以实现本地营配交互、低压拓扑智能识别、故障定位分析、电动汽车有序充电、分布式能源高效消纳、无功补偿等高级应用。配电物联网功能架构如图 2-32 所示。

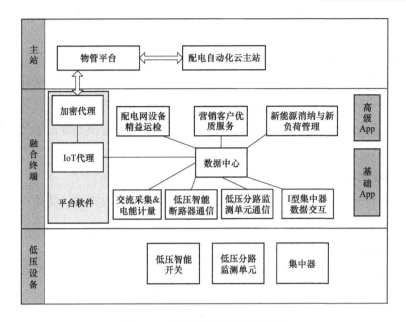

图 2-32　配电物联网功能架构图

三、低压智能设备

低压智能设备安装在台区下，是对各种低压用户场景进行监测、控制的设备，主要有分支监测单元、多模通信模块、智能换相开关、并网智能断路器、光伏逆变器、通信转换单元等。

（一）分支监测单元 LTU

分支监测单元 LTU 采用新型的互感器技术，采集温度、电流、电压、开关量，以多模通信技术传送，全面地采集设备的信息。

针对改造台区中不便更换线路上的断路器，可将 LTU 安装于低压侧各级分支线路普通开关旁。LTU 搭载多模通信模块，全面采集设备信息、监测设备系统时间、三相电压、三相电流、总及分相有功功率、无功功率等，还具备故障诊断功能、停上电事件与末端用户拓扑识别等功能。

（二）多模通信模块

多模通信模块由中心主控节点（头端模块）、路由汇聚节点（尾端模块）和末端感知节点（感知模块）组成。

1. 中心主控（头端）模块

双模异构系统的接入中心，负责该系统网络中的所有从节点（分布接入单元）的管理，包括网络构建、网络维护，为网络应用提供可靠的网络基础。其安装在融合终端上面，构成在一定地理区域范围内的数据中心接入点。向下管理自身负责区域内的所有 DAU 的数据采集，向上与融合中分段等数据处理设备通信，完成与上层数据处理设备间的数据交互。

2. 路由汇聚（尾端）模块

构成多模通信系统的分布式网络接入单元，通过串口连接电能表、智能断路器或其他配电设备，构成多模通信系统中的分布式数据采集接入的基础设备。主要用于用电信息采集（遥测）、设备状态监控（遥信），以及远程开合闸遥控（遥控）等，满足营销和配电网的业务需求。

3. 末端感知模块

安装在无线传感器，是多模通信网络的末端节点，以无线方式连接路由汇聚节点或中心主控节点，负责本节点的数据传输。

（三）智能换相开关

智能换相开关是一套用于治理低压配电台区三相不平衡的产品，它适用于三线四线制的 380V/220V 低压配电系统，能够手动对负荷相别进行换相，也可接受融合终端的换相命令，自动进行负荷相别换相，从而达到调节三相负荷平衡的目的。其具有以下特点：

1. 从负载端实现平衡

基于切换终端负载来实现三相平衡的方式，实现由负载端至变压器整个台区的平衡。

2. 切换过程不掉电

采用独特的"极速换相＋相角追踪"换相方法，换相时间小于 20ms，配合相角追踪的换相策略，最大限度地保证了用电设备在切换过程中不掉电。

3. 三重闭锁防短路

"机械互锁＋控制电源闭锁＋控制信号闭锁"，经数千次的实验证明，保障不会出现相间短路现象。

4. 智能过零防冲击

过零投切技术基于"电流过零切除，电压过零投入"的原则，可以达到冲击小，电弧极小的效果。

5. 节能降损效益显著

有效降低线路损耗及变压器损耗，提高电能质量，改善因三相不平衡引起的末端低电压，延长设备使用寿命，降低人力、管理成本。

（四）并网智能断路器

以前的并网断路器多为普通型断路器，不具备保护、通信等功能，随着国家"双碳"的政策推行，分布式光伏建设并网规模的迅速增长，并网断路器也要求具备智能化功能，能够实现对现场分布式光伏系统的保护和监控。

新型的光伏并网智能断路器，其采用剩余电流重合闸塑壳断路器作为主体，增加光伏专用的保护功能，可搭载多模通信模块，并具备 RS485 通信等外部接口。具备电能质量监控功能与精确计量等电力物联网功能，主要包含以下功能：

1. 孤岛保护

当电网停电时，不依托逆变器本身的孤岛保护，切断光伏发电系统与低压配电网的连接。

2. 过载保护、短路保护

无论是光伏发电侧还是低压电网侧出线短路，过载时断路器切断并网连接，起到保护系统稳定的作用。

3. 电能质量监控

对并网电压与电流谐波分析，电能质量评估，为考核发电质量提供数据依据。

4. 测量功能

量测发电功率、电压、电流、频率，为全台区电力供应与负荷响应提供数据支撑。

另外，对暂不具备搭载多模通信模块的现状并网智能断路器，视实际情况可配通信转换单元，由通信转换单元转成多模通信将数据上送至融合终端。若现场并网断路器为不具备保护、通信的普通型断路器，需要整体更换为新型智能光伏并网断路器。

（五）光伏逆变器

光伏逆变器最主要的功能是把太阳能电池板所发的直流电转化成家电使用的交流电，太阳能电池板所发的电全部都要通过逆变器的处理才能对外输出。通过全桥电路，一般采用 SPWM 处理器经过调制、滤波、升压等，得到与照明负载频率、额定电压等相匹配的正弦交流电供系统终端用户使用。有了逆变器，就可使用直流蓄电池为电器提供交流电。

光伏并网逆变器具备过/欠电压保护、过/欠频保护、缺相保护、过载短路保护、防孤岛保护与恢复并网功能，所有保护功能的整定值支持远方配置。针对具备通信模块仓的光伏并网逆变器，可直接配置多模通信尾端模块，将数据上送至融合终端，针对暂不具备搭载多模通信模块的现状并网逆变器，其可通过 485 线连接通信转换单元，将运行状态、故障告警等信息，通过通信模块主动上传至融合型终端。

（六）通信转换单元

通信转换单元可以将其他通信方式转换为多模通信，其本地通信上行采用多模通信与融合终端通信，采用协议为 MCF 通信协议；本地通信下行采用 RS485 与光伏逆变器、断路器进行通信，采用协议为 modbus 等通信协议。通过此设备可实现下行 modbus 等通信协议至 MCF 通信协议的转换，其主要安装在不具备多模通信模块的光伏逆变器或者断路器等设备。

四、智能站房

智能站房总体架构由省/地市公司配电站房辅助监控平台、数据交互传输系统、站端智能监测系统等各部分构成，通过低压物联网实现站房监测数据的交互和智能设备的联动。

配电站房辅助监控平台作为整个系统的"大脑"，负责对配电站房环境及设备状态信息存储、处理、分析并且向终端下发指令。同时，配电站房辅助监控平台也是面向运维人员的工作平台，实现配电站房整体运行状态的远程监控、危险预警和异常告警。

数据交互传输系统是整个系统的"神经网络"，将各应用平台、站房网关、传感器设备等联通起来，实现数据实时传输，并在配电站房辅助监控平台展现给相关权限用户。

站房网关是整个系统的"感官系统"，负责对配电站房内各功能子模块进行信息存储、信息处理及分析，并通过标准协议传输给配电站房辅助监控平台。当超过预设限值，则启动站房网关联动，以将配电站房相关指标参数控制在目标范围之内。

传感器设备是整个系统的"手脚"，实现配电站房内监测信息的采集。传感器主要包括温湿度传感器、SF_6 气体监测传感器、水浸传感器、烟雾传感器等，与站房内的空调、风机及告警装置相连接，对站房运行环境做到实时感知。

依据目前国家电网公司信息化网络和配电站房终端设备建设实施的实际情况，借助在信息内网统一部署的 IoT 平台和可视化平台，分别实现环境类、状态类等采集数据的存储和视频信息的存储。配电站房辅助监控平台分别从 IoT 平台和可视化平台获取相关数据信息，进行分析处理，并展现分析结果信息。智能站房逻辑结构如图 2-33 所示。

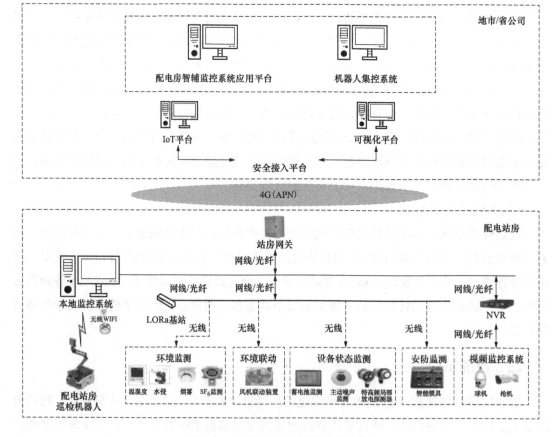

图 2-33 智能站房功能逻辑结构图

（一）智能巡检机器人

配电站房巡检机器人系统部署在配电站房站端，主要由巡视主机、机器人、高清视频等组成。巡视主机下发控制、巡视任务等指令，由机器人主机和视频主机分别控制机器人和摄像机开展室内外设备联合巡视作业，将巡视数据、采集文件等上送到巡视主机；巡视主机对采集的数据进行智能分析，形成巡视结果和巡视报告，及时发送告警。

机器人巡检实时数据，配电站房实时数据信息和视频监控系统信息通过站房网关传输至 IoT 平台和可视化平台。省公司集中部署的监控系统应用平台从 IoT 平台和可视化平台获取数据，实现对全省配电站房监测数据的实时查看及历史数据调阅，在省公司部署监控系统应用平台集中监控。

应采用机器人、摄像机、音频采集装置等方式联合采集巡视数据，巡视数据包括可见光视频及图像、红外图谱、音频等。

站端监控系统（环境监测、环境联动、设备状态监测、视频监控系统和安防监测）通过站房网关设备进行站内环境监测、环境联动、设备状态监测实时数据的采集、处理，通过 4G（APN）方式上送至 IoT 平台，同时站房网关将视频监控信息通过 4G（APN）方式上送可视化平台。

巡检机器人系统视频信息通过站房网关以 4G（APN）方式上送至可视化平台，巡检机器人系统其他实时数据信息通过站房网关采集、处理，并以 4G（APN）方式上送至 IoT 平台，控制信息通过站房网关处理，并下传至巡检机器人系统。

（二）智能辅助监控

智能辅助站房视频信息通过站房网关以 4G（APN）方式上送至可视化平台，其他实时数据信息通过站房网关采集、处理，并以 4G（APN）方式上送至 IoT 平台。智能辅助站房通过传感器的形式对站房温湿度、烟雾、SF_6 气体浓度、蓄电池状况、变压器噪声、特高频局部放电、电缆沟道水浸情况站房运行状况及环境进行监视，同时还可以联动控制风机、空调、除湿机、智能门锁、灯光实现对站房内设备，保证站房安全稳定运行。

智能辅助站房通常标准配置如表 2-2 所示。

表 2-2　　　　　　　　　　智能辅助站房标准配置

设备类别	设备清单	数量（个）
环境监测终端	温湿度传感器	4
	水浸传感器	3
	烟雾传感器	2
	SF_6气体监测传感器	4
环境联动设备	风机联动装置	2
	空调/除湿联动装置	2

设备类别	设备清单	数量（个）
安防监测终端	智能门锁	1
安防联动设备	灯光联动装置	1
设备状态监测	蓄电池监测	1
	变压器噪声传感器	4
	特高频局部放电探测器	1
视频监控设备	球型摄像头	4
	枪型摄像头	4
	无线汇聚节点	1
	NVR	1
	站房网关	1

第三章 配电自动化业务及管理

 本章概述

配电自动化系统作为配电网数字化技术业务及管理的重要支撑，通过站所终端（DTU）、馈线终端（FTU）等配电自动化终端接入配电自动化主站系统，实现对中压配电网的测量、监视、控制、保护、自愈等功能。配电自动化系统业务及管理主要内容包括配电自动化终端调试验收、终端保护应用、配电自动化系统运维（终端运维、通信运维、主站运维）、馈线自动化应用等。本章将结合基层班组实际业务开展情况，从业务逻辑、实施步骤、操作技能等方面对配电自动化业务及管理进行详细介绍。

学习目标

1. 掌握配电自动化终端调试验收业务逻辑、业务内容及实施要求。
2. 熟悉配电自动化终端保护功能及定值整定原则。
3. 了解分级保护应用相关的内容。
4. 熟悉配电自动化系统终端、通信、主站运维内容。
5. 熟悉馈线自动化功能基本原理及故障处置方式。
6. 了解馈线自动化相关的测试方法及管理要求。

第一节 配电自动化终端调试验收

配电自动化终端调试验收是指在新建、扩建、改造工程的配电自动化终端及相关设备投产验收之前，或者在已投运设备停电检修时，对一次设备、配电自动化终端、通信系统和配电自动化主站开展的系统性联调、验收。配电自动化终端调试验收工作主要分为以下几个步骤：

（1）终端本体调试。配电自动化调试人员首先进行终端本体调试，目的是在系统性联调和安装前测试配电自动化终端功能的完备性，需要对终端外观、后备电源、通信系统、"三遥"和保护功能全方位测试。

（2）终端信息点表配置。配电自动化调试人员在配电自动化终端内配置与主站相同的信息点表，确保终端与主站通过相同的通信规约均能准确收发测控信号。

（3）终端联调上线。配电自动化主站运维人员将图模导入配电自动化主站后，与终端调试人员分别完成加密证书配置，同时核对通信和安防设置，完成终端上线，具备终端与主站调试验收条件。

（4）终端调试验收。在配电自动化终端及相关设备投产之前，终端调试人员与主站运维人员共同完成工厂化调试，对终端监控信息进行调试验证无误。终端及相关设备现场安装完成后，由终端运维人员完成安装工艺及各项功能验收，由配电网调控人员完成终端监控信息验收后，调试验收工作结束，终端可正式投运。

本节将从配电自动化终端调试验收工作的终端本体调试、终端信息点表配置、终端与主站联调、终端调试验收四个步骤，详细介绍业务逻辑、工作要求、具体操作等内容。

一、终端本体调试

在配电自动化终端调试工作中，首先进行的是本体调试，调试人员主要对装置进行运行检查、遥测功能测试、遥信功能测试、遥控功能测试、保护功能测试。

（一）终端运行检查

终端运行检查内容应包括：查看按键、指示灯功能正常，设置参数正确，确保后备电源正常告警和切除，通信条件满足配电自动化终端接入要求，检查配电自动化终端安全防护是否符合要求。

1. 装置通电检查

通电后，插件指示灯应完好，各按键功能正确，复位按钮功能正确，告警指示正确、信号正确。

2. 装置参数配置

装置固有参数配置检查包括确认程序版本、硬件版本，检查终端是否按规范分配终端参数信息体地址等，统一且符合规范的信息体地址能够满足后期主站对配电自动化终端定值的远程召测和修改下发。

终端运行参数配置检查分为遥测相关的参数、遥信相关参数、遥控相关参数。

（1）遥测相关参数主要是死区值、零漂值的设置。死区值是指遥测变化的门槛阈值，即是主站层面用于判断遥测是否变化的标准值，是允许突发主动上送通信规约中遥测变化报文上送的依据。遥测零漂值是指最小遥测上送值，终端遥测值如果小于此值，遥测上送为零，大于此值上送当前遥测值。死区和零漂对遥测能否正常显示具有重要的意义，因此需要设置成合适的值。

（2）遥信相关参数主要是遥信防抖时间的设置。遥信防抖时间是配电自动化终端上送下一次遥信变位的最短时间，即第一次遥变位后只有超过遥信防抖时间的变位才能被配电自动化终端识别并上送给主站。配电自动化终端的遥信防抖时间 10～1000ms 可设，推荐使用 200ms，也可以根据不同的情况设置成合适的值。

（3）遥控相关参数主要是遥控脉冲时间的设置。配电自动化终端发出遥控脉冲导通遥控回路，联动一次设备动作，实现远程遥控。遥控脉冲时间如果太短无法使一次机构动作，如果太长将影响其他遥控操作，因此需要设置成合适的值。

3. 直流和通信检查

直流测试主要进行直流低压切除试验、直流欠电压告警试验，作为后备电源的直流设备在欠电压时应能够主动及时上送告警信号，若过度放电低于能够独立供电的最低值，出于保护设备的目的，直流后备电源应能自动切除。

通信测试主要对无线信号强度和光纤光强进行测试，为主站联调做好准备。

4. 安防检查

安防检查应对终端开放端口进行扫描，将不必要的端口加以关闭。检查开放端口是终端安防需要。配电自动化终端应禁用 FTP（21）、TELNET（23）、Web（80）访问等服务，如确有业务需要，应使用 SSH 服务，并使用强口令。

首先使用 SSH 服务，输入 netstat-an 指令，对终端已开放的端口进行扫描，如图 3-1 所示。从扫描结果可知，终端的 FTP（21）端口仍未关闭。

```
root@omapl138:~# netstat -an
Active Internet connections (servers and established)
Proto Recv-Q Send-Q Local Address          Foreign Address        State
tcp        0      0 0.0.0.0:8001           0.0.0.0:*              LISTEN
tcp        0      0 0.0.0.0:2404           0.0.0.0:*              LISTEN
tcp        0      0 0.0.0.0:8686           0.0.0.0:*              LISTEN
tcp        0      0 0.0.0.0:6000           0.0.0.0:*              LISTEN
tcp        0      0 0.0.0.0:18002          0.0.0.0:*              LISTEN
tcp        0      0 0.0.0.0:21             0.0.0.0:*              LISTEN
tcp        0      0 0.0.0.0:22             0.0.0.0:*              LISTEN
tcp        0      0 192.168.1.101:22       192.168.1.77:30560    ESTABLISHED
```

图 3-1　终端端口扫描界面

使用 kill $（pidof inetd）指令关闭 21 端口，并输入 netstat-an 再次扫描，确认 21 端口已关闭，如图 3-2 所示。

```
root@omapl138:~# kill $(pidof inetd)
root@omapl138:~# netstat -an
Active Internet connections (servers and established)
Proto Recv-Q Send-Q Local Address          Foreign Address        State
tcp        0      0 0.0.0.0:8001           0.0.0.0:*              LISTEN
tcp        0      0 0.0.0.0:2404           0.0.0.0:*              LISTEN
tcp        0      0 0.0.0.0:8686           0.0.0.0:*              LISTEN
tcp        0      0 0.0.0.0:6000           0.0.0.0:*              LISTEN
tcp        0      0 0.0.0.0:18002          0.0.0.0:*              LISTEN
tcp        0      0 0.0.0.0:22             0.0.0.0:*              LISTEN
tcp        0     96 192.168.1.101:22       192.168.1.77:30648    ESTABLISHED
tcp        0      0 :::22                  :::*                  LISTEN
udp    65280      0 0.0.0.0:6001           0.0.0.0:*
udp        0      0 0.0.0.0:6002           0.0.0.0:*
Active UNIX domain sockets (servers and established)
Proto RefCnt Flags       Type       State         I-Node Path
```

图 3-2　关闭端口与扫描确认

（二）遥测功能测试

遥测功能测试是调试人员采用继电保护测试仪模拟加量的方法，分别对电压、电流、功率（有功功率、无功功率）、功率因数的采样和计算进行检查测试。

1. 电流回路

图 3-3 是终端的相电流测量回路图，进行电流遥测加量时，将 A421、B421、C421、N421 处一次设备侧的回路短接，再断开端子连接片，配电自动化终端即与一次设备的接线断开。从继电保护测试仪的 I_a、I_b、I_c、I_n 向终端侧输入模拟量，此时继电保护测试仪的输出电流代替了一次设备实际运行时的感应电流二次值。调试人员可通过调试软件核对继电保护测试仪的输出量与终端采集值是否一致。

零序电流采样测试与相电流相同。

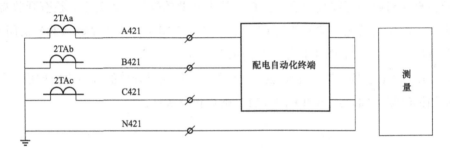

图 3-3　电流测量回路图

2. 电压回路

电压回路的接线可根据 TV 实际接线方式选择星形接线或 V-V 接线，本例以最常见的 V-V 接线为例进行说明。配电自动化终端内的电压测量回路图如图 3-4 所示，电压回路先经过 1ZKK1 的空气开关，然后进入装置采样板。

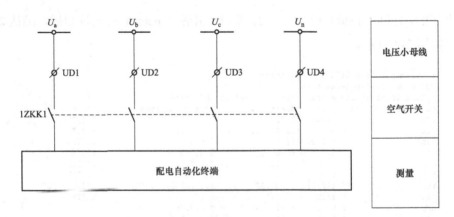

图 3-4　电压测量回路图

进行电压采样测量时，将配电自动化终端内 UD1、UD2、UD3、UD4 处一次设备侧的接线断开，将解开的线头用绝缘胶布包裹。因为电压互感器采用 V-V 接线，终端在内部已经将 1TVb 与 2TVb 短接，即 U_n 与 U_b 短接，继电保护测试仪的 U_a、U_b、U_c 应对应终端端子排的 U_a（1TVa）、U_n/U_b（1TVb/2TVb）、U_c（2TVc）。调试人员通过调试软件核对 U_{ab}、U_{cb} 的输出线电压是否与终端采样值是否一致。

零序电压采样测试与线电压相同。

3. 功率测试

继电保护测试仪同时输出电压、电流时，终端会计算出相应值下的有功功率、无功功率和功率因数，调试人员在调试软件中核对计算值与终端采样值是否一致。

当三相电压、电流平衡时可根据以下公式计算得出：

$$P = \sqrt{3}U_{ab}I\cos\varphi \tag{3-1}$$

$$Q = \sqrt{3}U_{ab}I\sin\varphi \tag{3-2}$$

式中　P——有功功率（W）；

　　　Q——无功功率（var）；

　　　U_{ab}——线电压（V）；

　　　I——相电流（A）；

　　　$\cos\varphi$——功率因数。

例如，继电保护测试仪施加 $U_{ab}=U_{bc}=100V$、$I_a=I_b=I_c=5A$，相电压超前相电流 30°，此时，$P=750W$，$Q=433.01var$。

（三）遥信功能测试

遥信功能测试指调试人员对配电自动化终端的遥信信号进行逐一验证。可在终端遥信状态中看到遥信实时变位情况，也可以在事件记录（SOE 记录）中看到变位记录。

单点遥信信号以二进制数表示时合位用"1"，分位用"0"。其中，开关的分合位遥信根据不同要求可能采用双位遥信，一个信号作为主要信号，另一个信号作为辅助判定信号。因此，开关的位置在调试软件中也可以以合位双位遥信为 10（二进制），分位双位遥信为 01（二进制）的表示方式体现。

（四）遥控功能测试

遥控功能测试指调试人员对配电自动化终端的远方控制功能进行验证，主要有开关分合闸、蓄电池活化等遥控功能。

调试人员应用调试软件，向终端发出合闸或者分闸遥控预置指令，遥控预置成功后进行执行确认，观察终端实际是否动作、遥信变位是否正确，判断遥控功能是否正常。

（五）保护功能测试

配电自动化终端保护功能主要有三段式过电流保护（过电流Ⅰ段、过电流Ⅱ段、过电流Ⅲ段）、两段式零序过电流保护（零序过电流Ⅰ段、零序过电流Ⅱ段），其他保护功能有过电压保护、低电压保护、失压保护、重载、过载、零序电压保护等。

1. 定值下达和整定

配电自动化终端的保护动作定值一般整定为二次值，而运行人员下达的定值均为系统一次值，因此调试人员需要根据 TA 变比换算为二次值后整定。以过电流Ⅰ段定值整定为例，在 TA 变比为 600/5 的情况下，过电流Ⅰ段的一次整定值是 720A/0.15s，换算后在配电自动化终端里应设置为 6A/0.15s。

2. 保护试验接线

在保护试验接线前，应做好二次电流回路安全措施，保障运行设备及测试人员作业安全。具体措施有：防止 TA 回路开路，先将一次设备侧的电流回路短接再断开电流端子的连接片，在终端侧使用试验接线连接继电保护测试仪。

3. 保护功能测试

以过电流保护功能测试为例。在测试前，合上硬压板和软压板，分别加 0.95 倍/1.05 倍过电流定值进行试验并记录试验结果。模拟电流值设置为 0.95 倍过电流定值时，未超过保护定值，开关应无告警、不动作；模拟电流值设置为 1.05 倍过电流定值时，超过设置的定值，故障状态持续超过定值时限，开关应当发出告警并出口。

4. 录波调阅

模拟故障结束后，调试人员应读取配电自动化终端的文件列表，勾选所需的录波文件并上载，即可调阅本次保护试验的录波文件。

二、终端信息点表配置

配电自动化终端与主站是通过相同通信规约的报文进行"对话"，信息点表是终端与主站之间传输业务信息的纽带，是终端上送的信息元素与信息体地址一一对应的传输列表。信息点表主要有遥信信息、遥测信息、遥控信息、遥脉信息、固有参数信息、运行参数信息、动作定值参数信息等。

1. 信息体地址

根据《国网运检部关于做好"十三五"配电自动化建设应用工作的通知》运检三〔2017〕6号中《配电自动化系统应用 DL/T 634.5164—2009 实施细则（试行）》的定义，遥信信息体地址为 0001H～4000H，遥测信息体地址为 4001H～6000H，遥控信息体地址为 6001H～6200H，遥脉信息体地址为 6401H～6500H，固有参数信息体地址为 8001H～801FH，运行参数信息体地址为 8020H～821FH，动作定值参数信息体地址为 8220H～85EFH。

2. 信息元素

遥信点表应配置远方、交流失电、蓄电池活化状态、蓄电池欠压、开关合位、开关分位、弹簧未储能、过电流和零序等事故保护信号；遥测点表配置 U_{ab}、U_{bc}、频率、蓄电池电压、I_a、I_b、I_c、P、Q、功率因数、U_0、I_0 等遥测量；遥控点表配置开关分合遥控、蓄电池活化；遥脉配置正反向有功电能、15min 冻结正反向有功电能、日冻结正反向有功电能等信号。终端固有参数、运行参数、动作定值参数在终端出厂时就根据典型信息体地址分配表固定对应的信息体地址。固有参数包括终端硬件版本、终端软件版本、终端 ID 号等信息；运行参数包括电流和交流电压等遥测值死区、TV 一二次额定值、分合闸输出脉冲保持时间、蓄电池自动活化周期、TA 一二次额定值等信息；动作定值参数包括故障指示灯自动复归时间、X 时间定值、Y 时间定值、L01 过电流停电跳闸投退、L01 过电流 I 段告警投退、L01 过电流 I 段出口投退、L01 过电流 I 段定值、L01 过电流 I 段时间等信息。

三、终端联调上线

在配电自动化终端调试验收前，需开展终端联调上线工作。由调试人员和主站运维人员分别完成配电网图模、加密证书等配置，实现终端与主站的正常通信，具备终端与主站调试验收条件。需完成以下主要步骤：

（1）配电网图模导入完成；

（2）加密证书配置正确；

（3）终端上线检查。

（一）配电网图模导入

配电网图模是指反映配电网设备电气连接关系、设备运行状态、设备参数等信息的配电网单线图、站房图、环网图、系统图、保电图等。配电网图模导入是指配电自动化主站运维人员应用红黑图管理工具将 PMS 推送过来的配电网图模导入至配电自动化主站系统，进行图模校验、审核的操作过程。具体操作步骤如下：

（1）配电自动化运维人员在配电自动化主站系统工作站上启动红黑图管理工具；

（2）配电自动化运维人员在红黑图管理工具上使用导图权限签收从 PMS 推送配电网单线图图模文件（图形文件为 SVG 格式文件，模型文件为 XML 格式文件）；

（3）配电自动化运维人员在红黑图管理工具上使用导图功能将图模文件导入至配电自动化主站系统；

（4）配电网调控人员在红黑图管理工具上使用审图权限对导入配电自动化主站系统的配电网单线图图模进行审核，审核完毕后对图模进行归档。

（二）加密证书配置

在配电网自动化系统安全防护体系中，配电自动化终端通过加密证书与配电自动化主站进行双向身份认证和加解密，实现数据的安全交互。加密证书导入是指在配电自动化主站系统数据库完成终端信息维护后，将已签发的终端加密证书进行导入配电自动化主站系统的操作过程。

1. 测试态加密证书从终端导出

首先对配电自动化终端的软硬件进行设置，使其处于可投入硬加密状态。使用串口线连接配电自动化终端与电脑，通过测试 Ukey 连接配电自动化终端证书管理工具。

调试人员核对配电自动化终端证书管理工具读取的终端信息中设备 ID 号应与装置铭牌一致无误后，将加密证书从配电自动化终端中导出（req 文件）。

2. 正式态加密证书导入终端

调试人员使用正式 Ukey，在连接配电自动化终端证书管理工具的状态下，向配电自动化终端导入正式加密证书，并且在调试软件配置通信硬加密投入。与此同时，配电自动化主站正确配置加密通信方式，建立通信连接后即实现终端与主站的数据端到端加密。

3. 测试态加密证书签发

调试人员将导出的 req 文件发送给中国电科院进行签发认证。经签发认证后的证书需发送给配电自动化主站运维人员，用于主站侧证书导入。

4. 经签发的终端加密证书导入主站

（1）配电自动化主站运维人员收到经中国电科院签发完成的终端加密证书（cer 文件），核对证书文件名与现场终端 ID 是否一致，确认无误后，将证书导入配电自动化主站系统工作站，证书同步归档备份，方便日后查询和修改。

（2）配电自动化主站运维人员在配电自动化主站系统工作站上，将终端加密证书导入到终端所连前置机对应的路径下。

（3）配电自动化主站运维人员将终端加密证书导入至配电安全接入网关。

（三）终端上线检查

配电自动化主站运维人员打开配电网通信显示工具，搜索到需联调的终端，查看上下行报文判断终端是否上线。如图 3-5 所示。

（1）主站发送总召报文 64 01 06，终端正确回复 64 01 07，表明终端上线正常。

```
发送: EB000CEB0001 000668040100 3A020000B0D7
发送(总召): EB0900EB0009 00 10 680EC0003A02 64 01 060000100 000000 140000
接收(密文): EB0026EB0008 F40D7105DFF0 4871363EDCCE 88EBEA496635 5E15D7977D82 14DB29EF8F8E
77D1BBF3F1D8 29D7
接收(总召): 680E3A02C200 64 01 070000100 000000 14
接收(密文): EB0036EB0008 40B863283A40 8CA79AA33DAE B77A48B8DB0F 57D78EDC8FA7 0745994161B7
5D1F3D4749B3 AB70F9598186 76F9B62B1BF1 1625B85AA0D7
```

图 3-5　终端上线报文检查

（2）如果终端没有回复 64 01 07，则说明终端没有正常上线，可以从以下几个方面排查：

1）检查安全接入区采集服务器和终端的网络和端口是否连接正常。

2）检查安全接入区与终端之间的 TCP 连接是否建立。

3）检查安全接入区与生产控制大区是否连接正常。

4）检查配电自动化主站系统配电网终端信息表、配电网通信终端表、配电网通道表、规约表等配置是否正确。

5）检查配电自动化主站系统通道表中端口、IP、通道类型、网络类型、规约类型、前置 ID 等配置，确认基本参数正确。

6）检查配电自动化主站系统配电网规约映射表对应规约是否正确，前置服务器上规约进程是否正常启动。

7）检查配电自动化主站系统前置服务器该终端加密证书名称、路径是否正确。

四、终端调试验收

配电自动化终端的调试验收分为工厂化调试和现场验收。配电自动化调试人员与主站运维人员在工厂车间完成对一次设备、配电自动化终端、通信系统和配电自动化主站的系统性调试。在终端现场安装竣工后，由配电网调控人员进行监控信息对点验收，同时运维人员对终端安装工艺及相关功能进行现场验收。

（一）工厂化调试

工厂化调试时，配电自动化调试人员应完成配电自动化终端参数的配置及校对，并与配电自动化主站运维人员完成"三遥"功能联调及保护功能测试。工厂化调试模式有利于减少现场改造停电时间，提高调试工作质量。

工厂化调试工作主要分为装置通电检查、装置参数配置、装置遥测检查、装置遥信检查、装置保护功能测试、遥控分合检查、遥脉测试等试验项目。

（1）装置通电检查：通电后，插件指示灯完好，各按键功能正确，复位按钮功能正确，告警指示正确、信号正确。

（2）装置参数配置：检查配电自动化终端装置参数配置，确认程序版本、无线模块参数配置正确，确认通道正常稳定，接入配电自动化终端装置间隔 TA 变比和 TV 变比与点表一致，无线卡拨号密码、终端维护软件登录密码等无弱口令，除维护使用、业务使用外的网络端口需关闭，采用加密芯片双向数字认证。

（3）装置遥测检查：采样电压、电流的采样误差应小于 0.5%，电流通入 20 倍额定值时显示误差应在 5%以内。

（4）装置遥信检查：检验各遥信信号正确，主站全召功能检查正常，主站时钟同步检查正常。

（5）装置保护功能测试：保护定值设置及阶段时间测试正常，开关保护动作正确，故障电流 1.05 倍可靠动作，0.95 倍可靠不动作（注入 20 倍 I_n，终端可靠动作），历史文件召唤、终端参数远程管理等功能调试无误。

（6）遥控分合检查：对应相应间隔的遥控命令准确，检查遥控动作时间在要求范围内，传送开关量信号准确，所有间隔断路器开关动作参数正确（跳闸时间、合闸时间、分合闸不同期时间、分合闸电压）。

（7）断路器/负荷开关时间试验：所有间隔断路器/负荷开关动作时间（跳闸时间、合闸时间、分合闸不同期时间、分合闸电压）正常。

（8）TV 极性试验：二次侧使用指针式万用表验证极性，记录 TV 极性。

（9）TV 二次回路通电试验：确认电压表指示和终端电压指示都正常。

（10）TA 极性：核对铭牌、精度等级，进行变比试验，确认 TA 标注的变比无误。

（11）V-A 特性试验：电流互感器伏安特性试验满足要求。

（12）TA 一次通电试验：一次通流，核对电流表指示与终端指示正确，装置保护正确动作。

（13）二次回路通电联动试验：断路器在 80%电压下动作正常，二次联锁、电压、电流正确，二次回路正确、满足设计要求。

（14）直流系统测试：FTU 终端直流系统电压达 90%告警、75%切除输出，DTU 终端95%告警、82%切除输出。

调试结束后按照要求填写试验报告。

（二）现场验收

现场验收是指在终端及相关设备现场安装竣工后，运维人员对终端的安装工艺及功能进行验收。同时，配电网调控人员对终端的监控信息上送功能进行验收。

1. 现场安装工艺验收

（1）外观检查：一次设备本体和配电自动化终端本体外形结构完好，无歪扭、损坏。终端箱体安装不影响一次设备的正常运行与维护，DTU 满足高压柜手动操作半径要求，FTU 安装离地 3～3.5m 且与一次设备的距离大于 1m。FTU 采用挂式安装，在杆塔上有 2个及以上固定点，横平竖直，冗余的二次线缆应顺线盘留在箱体下方，做好固定，对于同杆双回路，FTU 安装在对应线路、开关的同一侧。

（2）电压/电流互感器二次回路：电压回路无短路，电流回路无开路，二次测均有且只有一个接地点。电压互感器如果是 V-V 接线，则 N 相（B 相）接地；回路中安装空气开关，100V 电压空气开关额定电流为 1A（C1）；220V 电源空气开关额定电流 10A（C10）。DTU的进出线柜的电流互感器均采用正极性接线方式，一、二次侧同极性安装。

（3）电压互感器接线：FTU 配套电压互感器，要求 AB 相电压互感器连接电源侧，BC相电压互感器连接负荷侧。FTU 电压互感器二次电缆接线处做防水、密封特别处理，剥去防护层的部分用玻璃胶封堵。

（4）通信设备验收：通信柜封堵完好，出入管孔封堵完好，终端无渗漏水隐患。无线路由器、ONU 装置、工业以太网交换机安装应稳固正确，无线路由器天线伸出环网柜（室）、终端箱体外。通信终端各运行指示灯正常，无异响。通信电源交直流输入输出电压正常，直流输出电压应在 24V，电源线连接牢固。通信屏柜所有金属外壳和其他金属构件接地良好，接地电阻符合规定。

（5）直流设备验收：蓄电池组电压、容量满足运行要求，蓄电池室密封、干燥符合设计的要求。布线排列整齐，极性标志清晰、正确，电池编号应正确，外壳清洁，极板应无严重弯曲、变形及活性物质剥落，蓄电池组的绝缘应良好，绝缘电阻应不小于 0.5MΩ。

（6）装置接地：终端箱体、开关柜应可靠接地，不可间接接地。DTU、FTU 内接地铜排与一次设备接地应用不小于 $25mm^2$ 的铜线可靠连接。FTU 箱体通过接地螺栓与接地引下线可靠连接，接地电阻小于 4Ω。

（7）标签标识：配电自动化终端在显著位置应设置有铭牌，内容应包括产品型号、额定电压、额定电流、产品编号、制造厂家名称、终端 ID 等。操作电源、远近控、交流电源、通信电源、××开关出口压板、××开关合/分闸、装置电源应用标签纸在相应位置标贴。采用端子排接线的，二次接线应当安装套管标识，使用通用符号或中文清晰表明相应信号名称。

（8）封堵：二次电缆、光缆进出孔封堵完好。

2. 与主站监控信息验收

现场对点验收时，调试人员应与调度验收人员完成"三遥"和保护对点，过程中同时验收通信功能。

（1）装置通电检查：通电后，插件指示灯完好，各按键功能正确，复位按钮功能正确，告警指示正确、信号正确。

（2）装置参数配置验收：终端通信 IP 等参数配置正确，确认通道正常稳定；采用加密芯片双向数字认证。

（3）装置遥测验收：终端和主站采样电压、电流的采样误差均小于 0.5%，电流通入 20 倍额定值时显示误差应在 5% 以内。

（4）装置遥信验收：交流失电、蓄电池活化等实遥信由现场设备传动产生，信号与定义的遥信序号相对应；主站全召功能检查正常；主站时钟同步检查正常。

（5）装置遥控验收：每个间隔遥控动作准确，传送遥信信号准确，遥控连接片与一次设备间隔为唯一对应关系，点号信息与现场设备名称相符。验收某一开关时，应做到脱开该连接片开关不能遥控成功，合上该连接片可以遥控成功，每次验收开关只有相应开关连接片合上，其余连接片断开。

（6）装置保护功能验收：出口连接片、功能连接片逻辑正确，控制字、定值设置、软压板投退符合定值单，模拟故障电流 1.05 倍可靠动作，0.95 倍可靠不动作。

（7）通信系统验收：通信稳定正常，PING 无丢包，主站无频繁投退告警。

第二节　配电自动化终端保护应用

随着配电网的不断发展和配电自动化系统的广泛应用，配电网继电保护装置的应用对于配电网运行的安全性、可靠性起着非常重要的作用。当配电网发生故障时，配电网的分级保护设置能快速地、有选择性地、可靠地做出正确反应，快速隔离故障，将故障范围控制到最小，停电影响降至最低。

本节将对配电自动化终端的保护应用进行说明，介绍保护定值的整定原则、召测核对，以及日常工作中运维单位如何应用分级保护功能。

一、配电网保护功能介绍

本节对配电线路使用的三段式过电流保护（过电流Ⅰ段、过电流Ⅱ段、过电流Ⅲ段）、两段式零序过电流保护（零序过电流Ⅰ段、零序过电流Ⅱ段）、过电压保护、低电压保护、失电压保护、重载、过载、零序电压保护的保护逻辑进行介绍。

（一）过电流保护

过电流保护的主判据是：$I_{max} > I_{nzd}$。其中 I_{max} 为最大相电流，I_{nzd} 为各段过电流定值。当某一段的电流定值设置为 0A 时，表示该段的过电流保护功能退出（保护退出的判定不同装置各有区别，需根据实际情况）。逻辑图如图 3-6 所示。

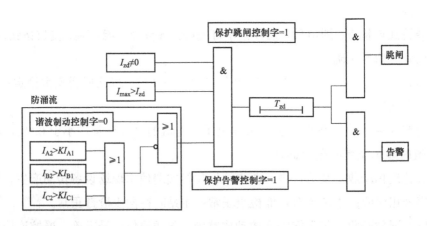

图 3-6　过电流保护逻辑图

为了防止励磁涌流，因此过电流保护的误动，根据励磁涌流中含有大量二次谐波分量的特点，还增加了二次谐波制动逻辑。当检测到相电流中二次谐波含量大于整定值时就将过电流保护功能闭锁，以防止励磁涌流引起误动。二次谐波制动元件的动作判据为 $I_2 > KI_1$，其中 I_1、I_2 分别为相电流中的基波分量和二次谐波分量的幅值，K 为二次谐波制动比，按躲过各种励磁涌流下最小的二次谐波含量整定。

（二）零序过电流保护

零序过电流保护的主判据是：$I_{0max} > I_{nzd}$。其中 I_{0max} 为最大零序电流，I_{nzd} 为各段零序过电流定值。

（三）过电压保护

当任意一线电压幅值超过过电压定值 U_{zd} 且 $U_{zd} > U_n$，并达到过电压时限 T_{zd} 时动作，

其中 U_n 为母线 TV 保护二次值。若母线 TV 断线则将过电压保护功能闭锁。过电压保护逻辑图如图 3-7 所示。

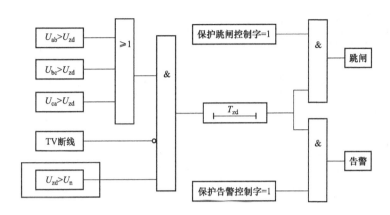

图 3-7　过电压保护逻辑图

（四）低电压保护

当三相线电压幅值低于低压定值 U_{zd}，并达到低电压时限 T_{zd} 时动作。若母线 TV 断线则将过电压保护功能闭锁。低电压保护逻辑图如图 3-8 所示。

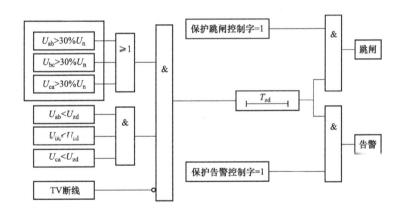

图 3-8　低电压保护逻辑图

（五）失电压保护

当三相线电压有压超过 10s 后，三相线电压幅值低于失电压定值 U_{zd}，并达到失电压时限 T_{zd} 时保护动作。若母线 TV 断线则将过电压保护功能闭锁。失电压保护逻辑图如图 3-9 所示。

（六）过负荷报警

当最大相电流大于过负荷告警电流定值，并达到过负荷时限时告警。过负荷告警逻辑图如图 3-10 所示。

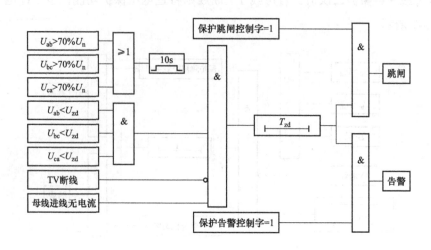

图 3-9　失电压保护逻辑图

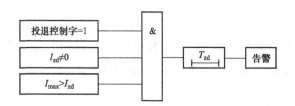

图 3-10　过负荷告警逻辑图

（七）零序电压保护

零序电压保护指在大电流接地系统发生接地故障后，利用零序电压构成保护。若零序电压自产且母线 TV 断线则将零序电压保护功能闭锁。零序电压保护逻辑图如图 3-11 所示。

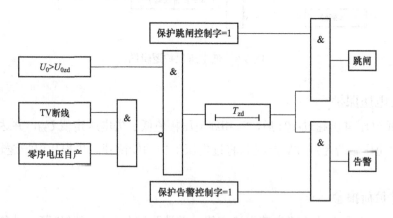

图 3-11　零序电压保护逻辑图

二、保护定值整定原则

对于变电站 10kV 线路保护应按照《3kV～110kV 电网继电保护装置运行整定规程》(DL/T 584—2017) 的要求整定，并根据 10kV 配电网接地方式、网架结构，启用相电流及零序电流保护。

10kV 柱上开关、开关站、环网室、环网箱、配电室、箱式变电站和用户分界断路器等节点上的继电保护应根据接地方式、网架结构启用相电流及零序电流保护，宜能够适应该供电区域各种常见运行方式，原则上应满足以下要求：

（1）电流保护定值应对保护范围末端故障有足够灵敏度，同时尽量考虑躲配电线路合解环时的电流以及配电变压器合闸励磁涌流。

（2）零序电流保护定值应可靠躲过线路电容电流，并对保护范围内单相接地故障有足够的灵敏度且与相邻元件零序电流保护定值配合。

（3）时间定值应按照逐级配合的原则，满足选择性的要求，在线路发生故障时，不发生越级跳闸。可不考虑配电线路临时带供及在操作过程中短时方式下的保护不配合情况。

对于接入分布式电源的线路,应根据分布式电源类型及接入系统的参数进行定值整定。

若配电网线路经联络开关转供时，因第一级保护整定时限受主设备抗短路能力差异影响，允许同一配电网线路内部保护之间同级或越级跳闸，但配电网线路故障应限制在本线路范围内切除，不应越级跳上级断路器。

三、配电网分级保护应用

（一）分级保护建设原则

随着中压配电网建设和配电自动化系统的发展，适当启用中压配电网变电站外设备的继电保护，可提升故障处理效率，提高中压配电网供电可靠性。为加强中压配电网继电保护的专业管理，建议施行中压配电线路分级保护。

中压配电线路分级保护可为独立的继电保护装置或带保护功能的配电自动化终端。中压配电线路分级保护设计宜采取标准化配置，差异化运行策略，尽可能避免因电网改造、运行方式变化等，造成保护装置不适应运行要求的情况。

中压配电线路分级保护应满足"可靠性、选择性、灵敏性、速动性"的要求，如果由于电网运行方式、装置性能等原因，不能兼顾选择性、灵敏性和速动性的要求，则应在整定时优先保证规定的灵敏系数要求，同时按照以下原则合理取舍：

（1）服从上一级电网的运行整定要求，确保主网安全稳定运行。

（2）允许牺牲部分选择性，采取重合闸、备用电源自动投入装置、馈线自动化等措施进行补救。

（3）保护电力设备的安全。

（4）保护重要用户供电。

中压配电线路分级保护若无法满足完全配合的要求，允许采用不完全配合的方式。

（二）分级保护技术原则

变电站内 10kV 线路保护装置功能，应符合《继电保护和安全自动装置技术规程》（GB/T 14285）的要求，至少配置三段相电流、两段零序电流、自动重合闸等功能。

10kV 柱上开关、开关站、环网室、环网箱、配电室、箱式变电站和用户分界断路器等节点上的继电保护，宜就地与配电自动化终端集成，应具备可靠的供电电源，并满足高可靠、免维护的要求，性能指标应符合相关标准，至少实现"二遥"功能。

10kV 柱上开关、开关站、环网室、环网箱、配电室、箱式变电站和用户分界断路器等节点上的继电保护装置功能应满足以下要求：

（1）至少具备两段相过电流、两段零序过电流、三相一次重合闸等功能。

（2）具备上传线路故障告警、装置告警、保护动作等信号的功能。

（3）远方投退重合闸时，应满足信息"双确认"要求。

（4）具备故障录波和事件记录功能，可经召唤后上送配电自动化主站。

（5）启用保护功能的 DTU 应能够单独整定各间隔保护定值，并能单独实现各间隔的保护投退。

10kV 配电线路保护装置应采用技术成熟、性能可靠、质量优良的产品，并经过专业机构检测。接入电流应来自 P 级电流互感器，应根据短路电流水平合理选择电流互感器参数。采用继电保护跳闸的断路器应具备开断短路电流的能力，对启用重合闸的断路器，要求应具备至少连续两次开断短路电流的能力。

（三）分级保护配置原则

10kV 配电线路分级保护按照典型配电线路结构分为三级：

第一级：变电站 10kV 线路保护。

第二级：配电线路分支断路器保护。

第三级：用户分界断路器保护。

10kV 配电线路分级保护采用远后备方式，即保护或断路器拒动时由电源侧相邻的保护切除故障。各保护灵敏度应满足规程要求，长线路可在适当分段处启用分段保护，灵敏度确实无法满足要求的应书面备案。

10kV 配电线路分级保护配合的时间级差应根据断路器开断时间、整套保护动作返回时间、计时误差等因素确定，保护配合的时间级差大于等于 0.2s。

根据变电站 10kV 线路保护过电流 1 段的不同，提供了两种典型 10kV 配电线路分级保护配置模式，如图 3-12 所示。10kV 配电线路断路器保护可分为三类，分别是：

（1）断路器 1：变电站 10kV 出线断路器，第一级保护。

（2）断路器 4：配电线路分支线断路器，第二级保护。

（3）断路器 5：用户分界断路器，第三级保护。

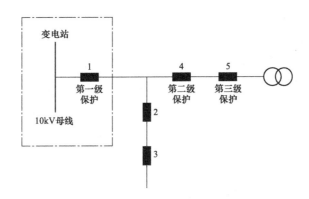

图 3-12 10kV 配电线路继电保护配置示意简图

变电站 10kV 线路保护 I 段动作时限小于 0.2s 时，不满足两级保护配合的时间级差要求，宜仅启用第一级保护，即仅断路器 1 启用第一级保护。

变电站 10kV 线路保护 I 段动作时限大于等于 0.2s 且小于 0.4s 时，受保护配合的时间级差限制，可启用第一、二级或第一、三级保护，启用第二级保护时，优先配置在分支线的首端断路器。例如：

（1）断路器 1 启用第一级保护，断路器 4 启用第二级保护。

（2）断路器 1 启用第一级保护，断路器 5 启用第三级保护。

变电站 10kV 线路保护 1 段动作时限大于等于 0.4s 时，在满足选择性要求的前提下，可启用三级保护，即可启用第一、二、三级保护：断路器 1 启用第一级保护，断路器 4 启用第二级保护，断路器 5 启用第三级保护。

接入分布式电源的线路，经校核有可能发生反向误动的过电流保护应增加方向判据功能，线路重合闸宜采用检线路无压方式。

（四）分级保护调试验收

分级保护调试可以分为定值整定下装、加量传动试验、保护功能验收三个步骤。

1. 定值整定下装

配电线路分段开关、联络开关、分支开关、环网单元出线开关、用户分界开关所配置的分级保护定值由配电运维单位出具。配电自动化调试人员根据定值单进行装置定值整定。整定时必须两人一起工作，一人设置，一人核对。整定前需备份原有配置，全部整定完成后进行定值下装操作。校核人员对定值进行召测，根据定值单对整定值进行校核确认。

2. 加量传动试验

装置加量传动前，需注意一次设备运行状态。如一次设备在运行中，应执行防止一次设备误动作的安全措施，通过外接模拟断路器，验证保护功能。如一次设备处于检修状态，应带开关进行保护动作传动试验，验证保护定值的同时，对开关传动二次回路进行验证。

装置加量传动过程中，根据配电自动化终端保护动作逻辑由调试人员按 0.95 倍或 1.05 倍定值进行加量并记录传动试验结果。

3. 保护功能验收

在分级保护投运前，配电自动化运维人员对定值进行校核，对分级保护功能、传动结果及上送信号进行验收。验收完成后，应确认装置故障信号是否复归、保护动作节点是否闭合。确认工作完成后，恢复安全措施，确认二次回路接线、装置连接片位置是否与运行状态一致。恢复出口硬压板过程中，应使用数字万用表测量连接片上下桩头，在未测量到操作电压的前提下，方可投入出口硬压板。

第三节　配电自动化系统运维

配电自动化终端正式投运后，将由运维单位负责对其进行巡检、维护、消缺。配电自动化系统的运行维护主要分为配电自动化终端运维、通信系统运维、配电自动化主站运维三个方面。运维人员需相互协作、密切配合，提高管理工作质量，才能确保配电自动化系统安全稳定运行，提升配电自动化实用化水平。

一、配电自动化终端运维

配电自动化运维单位应定期进行配电自动化系统设备巡视、检查工作，做好记录，发现异常及时消缺处理。遇有配电自动化终端确实无法带电消缺，运维单位合理安排、制定检修计划和检修方式，应结合一次设备停电，开展停电范围内终端及二次接线的检查工作。

（一）终端巡视

配电自动化运维单位应结合配电自动化终端运行状况和环境变化情况，开展配电自动化终端的定期巡视、特殊巡视或故障巡视，由配电运检单位结合一次设备巡视同步进行。

巡视内容包括：

（1）终端箱有无锈蚀、损坏，标识、标牌是否齐全，终端箱门是否变形等异常现象，携带备用标签用于简单的标签补贴。

（2）TV 外观有无异常。

（3）电缆进出孔封堵是否完好，携带简易封堵材料用于修补封堵杆上箱体等进出孔洞。

（4）二次接线有无松动。

（5）设备的接地是否牢固可靠。

（6）配电自动化终端运行指示灯有无异常。

（7）蓄电池是否有漏液、鼓包现象，对活化时间明显减少的蓄电池进行容量核对试验。

（8）终端对时是否准确等情况。

（二）终端检修

检修工作前应先检查并记录开关、隔离开关、接地开关等一次设备、设备空气开关、连接片、远方/就地切换把手等的初始状态，并按现场调试的要求实施安全措施。

检修工作一般分为以下几个方面：

1. 终端硬件检修

（1）更换终端故障硬件。

（2）检查终端硬件接线是否紧固。

（3）检查终端硬件运行是否正常。

（4）检查终端二次回路是否存在虚接、短接或接地。

插拔板件时应注意先装置断电，将板件固定可靠后方可送电，避免板件接触不良。

2. 终端软件检修

（1）更新终端软件程序至最新版本（需对终端相应功能进行重新测试）。

（2）检查终端信息点表与主站是否一致。

（3）检查终端各项参数定值配置是否正确。

配置和删除参数前应认真核对参数配置资料，注意确认参数配置的正确性，必要时需要将原配置导出备份保存，避免配置错误引起业务中断。

3. 交直流电源模块检修

（1）更换故障交直流电源模块及配件。

（2）检查交直流回路是否存在短路或接地。

4. 通信模块检修

（1）更换故障通信模块及配件。

（2）升级通信模块软件至最新版本（需对通信功能进行重新测试）。

（3）检查通信参数配置是否正确。

（4）检查通信通道及信号强度是否符合运行要求。

（三）终端消缺

配电自动化终端缺陷分为危急缺陷、严重缺陷、一般缺陷三个等级。

（1）危急缺陷是指威胁人身或设备安全，严重影响设备运行、使用寿命及可能造成配电自动化系统失效，危及电力系统安全、稳定和经济运行的缺陷。此类缺陷须在 24h 内消除。配电自动化终端的危急缺陷主要包括：自动化装置、配电自动化终端发生误动；单台配电自动化终端频繁误发遥信（大于 1000 条/天）；配电自动化终端通信中断、故障掉线（连续离线 24h 以上）。

（2）严重缺陷是指对设备功能、使用寿命及系统正常运行有一定影响或可能发展成为危急缺陷，但允许其带缺陷继续运行或动态跟踪一段时间的缺陷。此类缺陷须在 5 个工作日内消除。配电自动化终端的严重缺陷主要包括：遥控失败等异常；对调度员监控、判断有影响的重要遥测量、遥信量故障；单台配电自动化终端经常误发遥信（50~1000 条/天）。配电自动化终端通信中断、故障掉线或通道频繁投退（每天投退 10 次以上或单台终端周在线率低于 80%）。

（3）一般缺陷是指对人身和设备无威胁，对设备功能及系统稳定运行没有立即、明显的影响，且不至于发展为严重缺陷的缺陷。此类缺陷应列入检修计划尽快处理。配电自动化终端的一般缺陷主要包括：一般遥测量、遥信量故障；配电自动化终端对时异常；单台配电自动化终端误发遥信（小于 50 条/天）；单台配电自动化终端通信通道存在投退现象（小于 10/天）；其他一般缺陷。

在日常消缺中，终端的缺陷主要有电源故障、遥测数据异常、遥信信号异常、遥控控制异常几类，排查方法如下。

1. 电源故障排查方法

配电自动化终端可靠的工作电源是配电自动化安全运行的基础。电源故障通常体现在交流电源、后备电源、装置电源、操作电源等电源回路上。

（1）交流电源失电。配电自动化终端一般要求配备两路不同来源的交流电源。两路交流输入电源缺失后终端能在后备电源的带动下短时间正常工作，不利于长期持续的电气监控。

以南瑞 PDZ920 装置为例，查阅其交流电源回路图纸见图 3-13，消缺步骤如下：

1）检查确认端子排 JD 处主电、备电电源输入是否有电压，是否为 AC 220V。

2）检查空气开关 AK1、AK2 输入输出电压是否正常。

3）检查确认电源模块两路交流电输入端子 4n-1/2、4n-4/5 是否正常。

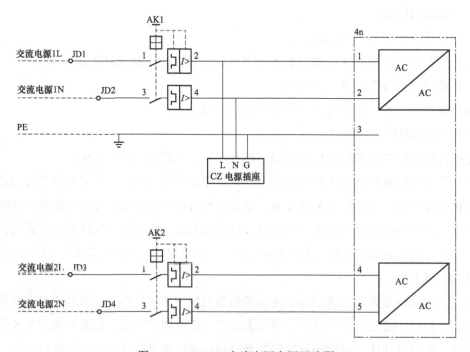

图 3-13　PDZ920 交流电源电源回路图

（2）后备电源失电。配电自动化终端一般要求配备一路直流蓄电池后备电源，后备电源失电终端将在两路交流电缺失的情况下直接关机。

以南瑞 PDZ920 装置为例，查阅其直流回路图纸如图 3-14 所示，消缺步骤如下：

1）检查空气开关 DK 输入、输出是否有电压，是否为后备电源电压。

2）检查确认电源模块直流电源输入 4n-15/16 是否有电压，是否为后备电源电压。

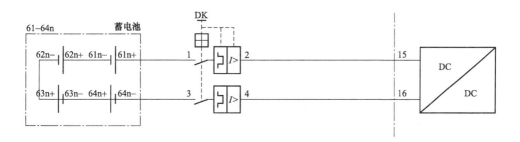

图 3-14 PDZ920 直流电源电源回路图

（3）装置电源失电。装置电源是核心单元（CPU 板）的供电电源，支撑终端 CPU 正常工作，为遥信回路提供 24V 电源。

以南瑞 PDZ920 装置为例，装置电源回路图如图 3-15 所示，消缺步骤如下：

1）检查确认电源模块 4n-19、4n-21 处是否有电压输出，是否为装置电源电压（一般为 24V）。

2）检查端子排 DD1、DD3 处电压输入、输出是否正常。

3）检查空气开关 1K 输入、输出电压是否正常。

4）检查核心单元供电电源 1n1003、1004 输入是否正常。

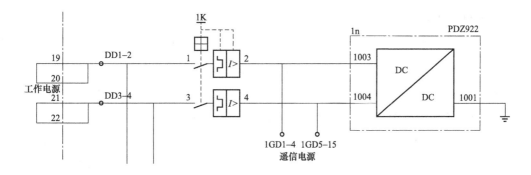

图 3-15 装置电源回路图

（4）操作电源失电。操作电源为开关电动操作机构供电。

以南瑞 PDZ920 装置为例，操作电源回路图如图 3-16 所示，消缺步骤如下：

1）检查确认电源模块 4n-17、4n-18 处是否有电压输出，是否为操作电源电压（一般为 DC 48V）。

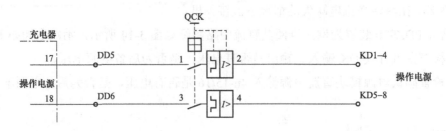

图 3-16 操作电源回路图

2）检查端子排 DD5、DD6 处电压输入、输出是否正常。

3）检查空气开关 CK 输入、输出电压是否正常。

4）检查端子排出 KD1、KD5 处电源输入、输出是否正常。

5）检查开关柜二次仓操作电源端子排处输入电压是否正确。

2. 遥测数据异常排查方法

（1）交流电流采样异常。交流电流同样不仅影响电流本身的正确显示，也会对有功功率、无功功率、功率因数的准确性造成影响。交流电流过大波动可能会触发终端的过流告警等，对线路的运行状态造成判断干扰。

消缺步骤如下：

1）判断电流异常是否属于电流二次回路问题，用钳形表直接测量终端遥测板电流输入回路电流值即可判断。

2）如果测试发现二次输入电流异常，应逐级向电流互感器侧检查电流二次回路，直至检查到电流互感器二次侧引出端子位置，若电流仍然异常，即可判定为电流互感器一次输出故障。

3）如果测试发现二次输入电流正常，应使用终端维护软件查看终端电流采样值是否正常，若正常即可判定为配电主站侧遥测参数配置错误，否则应检查终端遥测参数配置是否正确。当检查发现终端遥测参数配置正确的情况下，即可判定为终端本体故障。

4）终端本体故障处理应按照先软件后硬件、先采样板件后核心板件的原则进行。

更换终端内部板件时，一定要注意板件更换后相应参数重新进行配置。

因为交流电流的采样值是根据负荷的大小而变化的，所以在检查过程中一定要结合整条线路上下级的终端采样值进行比较和核对。此外，一定要确认电流互感器的变比。

（2）交流电压采样异常。交流电压采样异常最直接的是主站的电压显示不正常，进而影响有功功率、无功功率、功率因数的异常。有时还可能因为电压的异常导致终端的电压保护误动，如过电压保护、失电压保护等。交流失电压、有压鉴别等相关的遥信可能信号频发，造成终端严重缺陷。

消缺步骤如下：

1）判断电压异常是否属于电压二次回路问题，用万用表直接测量终端遥测板电压输入端子电压值即可判断。

2）如果测试发现二次输入电压异常，应逐级向电压互感器侧检查电压二次回路，直至检查到电压互感器二次侧引出端了位置，若电压仍然异常，即可判定为电压互感器一次输出故障。

3）如果测试发现二次输入电压正常，就应使用终端维护软件查看终端电压采样值是否正常，若正常即可判定为配电主站侧遥测参数配置错误，否则应检查终端遥测参数配置是否正确，当检查发现终端遥测参数配置正确的情况下，即可判定为终端本体故障。

4）终端本体故障处理应按照先软件后硬件、先采样板件后核心板件的原则进行。

更换终端内部板件时，一定要注意板件更换后相应参数重新进行配置。

3. 遥信信号异常排查方法

（1）遥信不刷新。终端遥信不刷新故障指一次设备状态发生变化，但配电自动化终端未接收到遥信点变化信号，消缺步骤如下：

1）检查遥信电源空气开关是否合上，空气开关断开时，装置上的遥信均为 0，无法采集到信号。空气开关合上后，用万用表直流挡测量遥信电源电压是否正常。

2）若所有遥信都不刷新，可通过终端与通信设备的通信指示灯或主站报文收发界面，判断设备通信是否中断。

3）若只是单个或部分遥信不刷新，可检查主站系统是否被人工置数，如设置人工置数，则遥信不会实时刷新，解除人工置数即可。

4）判断采集遥信的相应遥信节点状态、终端内部接线是否正确。

5）若遥信板所采用的电源电压（有 DC 24V，DC 48V，DC 110V 等）与现场电源不一致，遥信值也会不刷新，可通过遥信板内部跳线进行适应。

6）以上情况检查均正常，遥信值仍不刷新，则为遥信板件故障，需要更换遥信板件。

（2）遥信抖动。遥信抖动会造成遥信误报，严重的可能影响电动操作系统的机械结构，消缺步骤如下：

1）检查遥信回路中的二次接线是否牢固、螺钉是否拧紧，压线是否压紧。

2）配合一次设备辅助触点相关参数，设置遥信滤波时间（时间 10～60000ms 可设），抑制遥信的节点抖动。

3）遥信二次回路使用屏蔽电缆连接，并且需要良好接地。

4）将配电自动化终端误发遥信的二次回路在环网柜辅助回路处进行短接后进行观察。在配电主站监视该配电自动化终端误信号在二次回路短接之后 7 天内是否有继续发生遥信误报，如果遥信误报消失，则更换开关辅助触点后观察 7 天；如果遥信误报如果仍然存在，则可能配电自动化终端存在电磁兼容性能不过关的情况，需要对配电自动化终端重新进行电磁兼容性测试。

4. 遥控控制异常排查方法

（1）遥控预置失败。遥控预置失败的检查和消缺步骤如下：

1）检查确认配电自动化终端和开关的"远方/就地"转换开关均处于"就地"位置。

2）主站预置成功时终端侧会有如下收发报文，若报文异常，需检查遥控点号、主站配置是否错误。

3）若主站未收到返校报文，主站侧会显示遥控预置超时，此时首先检查通信线缆是否有接触不好或开路现象，若有则更换通信线缆或将其接触可靠。

4）检查通信设备是否良好。采用光纤通信方式的检查 ONU 通信设备 PON 通信状态灯是否异常，采用无线通信方式的检查 GPRS 模块的通信灯是否异常，如果异常需进行更换。

5）检查终端的通信插板是否异常。用后台监控软件连接终端，查看后台监控软件与终端的收发报文是否正常。若无收发报文则需更换通信插板。有报文则确认终端的通信插板正常。

6）检查终端的软压板状态，某些测控终端为了防止误操作，会在装置内部增加软压板的功能，若软压板断开是无法进行遥控的。

7）主站数据库中与遥控相关的通道表错误会导致预置超时。检查通道表，检查主站地址、RTU 地址（一般为 1、1）。

8）检查主站和终端的时间差是否在误差允许范围之内，时间超出会导致遥控解密过程中的时间戳无法通过认证，可通过手动对时予以解决。

9）检查主站、终端双方加密是否均已配置。主站单方加密，遥控报文增加数字签名，终端可能会误认为是异常的通信报文，导致通信错误。而终端单方面配置加密，则无法通过解密认证导致遥控预置失败。

（2）遥控执行失败。遥控执行失败的检查和消缺步骤如下：

1）考虑硬件回路接线不正确，可使用万用表直流电压挡，量取各关键节点电位，寻找故障点，并及时消除；

2）在终端侧检查报文是否正常，若报文异常，需检查遥控点号、主站配置是否错误。

3）用万用表蜂鸣挡测量遥控插板的公共端与分（合）闸端子，在主站遥控分（合）闸时，万用表应有蜂鸣声，没有蜂鸣则需要更换遥控板件。

4）将终端屏柜上的"远方/就地"转换把手切至"远方"位置。

5）检查一次设备有无接地开关等闭锁限制分（合）闸，如有闭锁，解除闭锁；

6）检查操作电源空气开关是否合上，并用万用表检查操作电压是否异常；

7）用万用表测量终端屏柜端子排上的遥控公共端与对应分（合）闸端子，按动分（合）闸按钮时观察万用表显示的直流电压是否由操作电源（一般为 48V）变为 0V，若没有变化，检查终端远方回路接线是否正确。

5. 缺陷验收

配电自动化终端消缺完成后，运维人员需要联系主站核实故障处理情况，遥信、遥测、遥控回路有所变动时，应对变动部分的相关功能进行校验：

（1）当遥信回路变动时应进行遥信校验：核对一次设备开关位置与主站中开关位置一致，现场切换终端各遥信状态量，与主站核对是否变化一致，验证遥信回路正确性。当保护出口回路、定值变动时应进行保护功能校验，现场用测试仪对终端进行模拟故障加量，与主站核对终端是否正确告警，验证保护出口回路正确性。

（2）当 TA、TV、遥测回路、遥测系数等变动时应进行遥测校验：在一次侧或二次侧加电流、电压，核对主站端电流、电压的正确性。电流与电压测试线接入终端二次端子排，接线应正确紧固，通流过程中电流不能开路，电压不能短路。用测试仪在终端侧加电流电压模拟量，与主站核对遥测值是否一致。

（3）当遥控回路等变动时应进行遥控校验：对于运行中的设备，现场应做好安全措施，断开终端与一次设备的回路连接，同时接入模拟断路器代替一次设备，联系主站对终端进行遥控预置、执行操作，通过模拟断路器的动作情况验证遥控回路是否正确。后期可通过解合环试验对遥控预置、开关遥控功能进行实际操作验证。

二、通信系统运维

配电网通信运维与检修人员应定期进行巡视、检查、记录，发现异常应及时处理，做好记录并按有关规定上报。

（一）通信系统巡视

配电网通信设备巡视一般以网管状态监视为主，现场巡视作为辅助手段，通信网管系统应设专人监控，发现通信设备故障时应及时通知主站及终端运行维护部门。

配电网通信设备现场巡视周期应至少为每半年一次，巡视工作可结合一次设备（终端设备）综合检修、状态检修和设备巡视检查工作同步进行。

遇有下列情况，通信系统终端设备应加强巡视，每月至少一次：新设备投运；设备有严重缺陷；遇特殊恶劣气候；重要时段及重要保电任务。

配电网通信设备网管巡视由通信专业负责，周期为 1 个月，巡视内容包括端口 CRC 校验、收/发包状态、端口 ping 包数据统计、设备 CPU 利用率、设备端口流量统计等。

配电网通信系统终端设备的定期巡视由配电运行部门结合一次设备巡视同步进行，以掌握通信系统终端设备的运行状况为目的，定期巡视内容包括光缆进出孔封堵是否完好；接线有无松动；配电自动化终端运行指示灯有无异常等。

各类维护操作如影响到系统正常使用，应提前向通信专业提出申请，获得准许并办理手续后方可进行。

（二）通信系统消缺

1. 缺陷分级

配电自动化通信系统缺陷应按照影响大小分为危急缺陷、严重缺陷、一般缺陷三个等级。

（1）危急缺陷是指威胁人身或设备安全，严重影响设备运行、使用寿命及可能造成自动化系统失效，危及电力系统安全、稳定和经济运行的缺陷。此类缺陷必须在 24h 内消除。主要包括配电通信系统主站侧设备故障，引起大面积站点通信中断；配电通信系统变电站侧通信节点故障，引起系统区片 5 台及以上配电自动化终端中断。

（2）严重缺陷是指对设备功能、使用寿命及系统正常运行有一定影响或可能发展成为危急缺陷，但允许其带缺陷继续运行或动态跟踪一段时间的缺陷。此类缺陷时必须在 72h 内消除或降低缺陷等级。主要包括配电网通信系统终端侧通信节点故障，引起单点终端通信中断或通道频繁投退（每天投退 10 次以上或单台终端在线率低于 80%）；配电网通信设备核心板卡故障或引起通信系统自愈保护功能失效的故障。

（3）一般缺陷是指对人身和设备无威胁，对设备功能及系统稳定运行没有立即、明显的影响且不至于发展为严重缺陷的缺陷。此类缺陷应列入检修计划尽快处理。主要包括单台配电自动化终端设备通信通道存在投退现象（每天投退小于 10 次）；其他一般缺陷。

2. 典型通信故障处置示例

（1）光缆通道故障。配电网光缆中断是配电网自动化运维中经常出现的故障，当故障发生时，首先通过对告警、性能事件、业务流向的分析，初步判断故障点范围；通过逐段测试，排除外部故障或将故障定位到单个自动化终端；最后根据具体问题，排除故障。故障定位关键是将故障点准确地定位到单站，日常应做好配电网光缆定期巡检，发现缺陷及时处理；不断完善线路图纸资料，如线路长度、接头点位置、线路通道交叉跨越等关键信息确保图实相符。

典型故障：如图 3-17 所示，配电自动化某段光缆故障，其他设备正常。

影响业务：断点远离 OLT 设备方向的站点（ONU3）所传业务中断，断点至 OLT 设备之间的站点（ONU2、ONU1）所传业务不受影响。

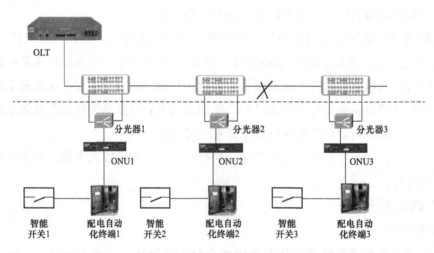

图 3-17　EPON 光通信系统光缆中断故障示意图

（2）EPON 终端设备故障。

1）典型故障 1：如图 3-18 所示，某 FTU 站点 ONU 故障，其他设备正常。

影响业务：本站点配电自动化业务中断，其他站点不受影响。

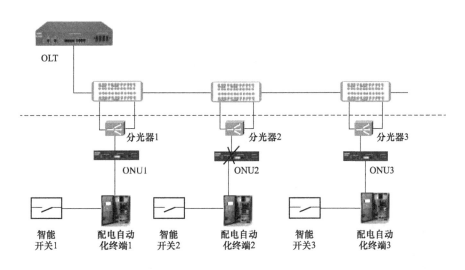

图 3-18　EPON 光通信系统 ONU 故障示意图

2）典型故障 2：EPON 光通信系统 ONU 故障示意图如图 3-19 所示，FTU 站点分光器故障，其他设备正常。

影响业务：本站点及远离 OLT 设备的站点（ONU2、ONU3）所传业务中断，该站至 OLT 设备之间的站点（ONU1）所传业务不受影响。

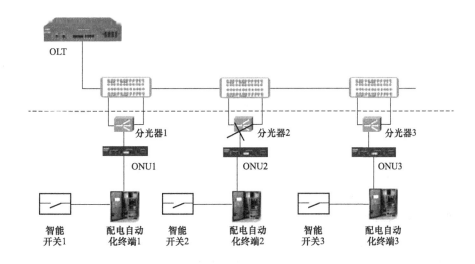

图 3-19　EPON 光通信系统分光器故障示意图

3）典型故障 3：如图 3-20 所示，安装在 FTU 站点的配电通信系统 ONU 终端设备失电故障。

影响业务：ONU 及配电自动化终端设备无法访问，本站点配电自动化业务中断，其他站点不受影响。

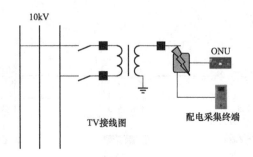

图 3-20　FTU 站点电源系统图

（3）无线公网常见故障。

1）VPN 通道故障。

典型故障 1：如图 3-21 所示，配电自动化终端至无线通信模块之间的网线故障。

影响业务：配电自动化主站至配电自动化终端无线通信模块之间通信正常，本站点配电自动化业务中断。

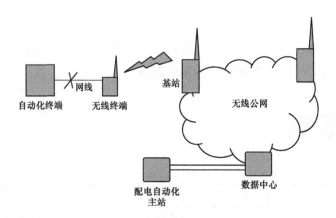

图 3-21　无线公网站点网线故障示意图

典型故障 2：如图 3-22 所示，配电自动化主站至电信运营商数据中心之间 VPN 通道故障。

影响业务：采用本无线公网组网的所有站点业务中断，造成群路中断的危急故障。

2）无线终端设备故障。

典型故障：如图 3-23 所示，无线公网站点无线终端设备故障。

影响业务：配电自动化主站至配电自动化终端无线通信模块之间通信中断，本站点配电自动化业务中断。

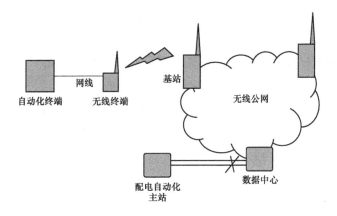

图 3-22　配电自动化主站至无线公网数据中心的 VPN 通道故障示意图

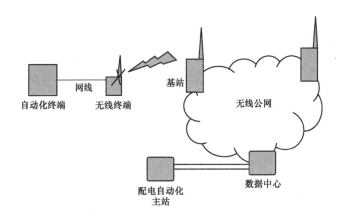

图 3-23　无线公网无线通信模块故障示意图

三、配电自动化主站系统运维

配电自动化主站运维主要针对配电自动化主站系统硬件、操作系统、支撑平台、功能应用开展运行巡视与监控、检修与消缺、配电自动化终端退役、安全防护等方面的运维工作，以确保配电自动化系统安全稳定运行，支撑配电自动化业务开展。

（一）运行巡视与监控

配电自动化主站运维人员应定期开展配电自动化主站系统硬件、操作系统、支撑平台、功能应用的运行巡视与监控工作，并做好记录，发现异常应及时处理。运行及监控工作主要包括：检查主站运行环境；检查主服务器进程；检查主服务器的硬盘空间、内存使用情况、CPU 使用情况；检查双机热备切换功能。

1. 检查主站运行环境

（1）通过查看无线测温仪记录机房环境的温湿度，温湿度标准。

（2）通过红外测温仪器测量电源系统的电缆温度。

2. 检查主服务器进程

通过命令窗口输入"ps-ef|grep 进程名称"，查看主服务器设备的主要进程是否在线。

3. 检查主服务器的硬盘空间、内存使用情况、CPU 使用情况

（1）在主要服务器命令窗口输入"df-h"，查看硬盘空间。

（2）在主要服务器命令窗口输入"free-g"，查看内存使用情况。

（3）在主要服务器命令窗口输入"top"，查看 cpu 使用情况。

4. 检查双机热备切换功能

配电自动化主站运维人员每季度对前置服务器、SCADA 服务器、数据库服务器、应用服务器等双机热备服务器进行一次人工切换。在运维工作站命令窗口输入"sys_adm"命令，打开系统管理界面，在应用状态菜单下找到对应的主备服务器，右击当前状态，单击主备切换。

（二）主站系统检修

配电自动化主站运维人员应根据配电自动化主站运行情况，组织开展相应检修工作。目前典型的检修工作主要有：主站应用程序更新、配电网表结构变更、主站故障处理、前置服务器配置参数修改、主站服务器退役、服务器主板、内存等配件更换。在检修工作前，应开具电力监控工作票，填写好相应的工作人员、工作地点及设备名称、工作内容、计划工作时间、安全措施等。

1. 主站应用程序更新

在开展配电自动化主站应用程序更新工作中，主站运维人员应采取的安全措施有：

（1）工作前在网安平台对相关设备进行挂牌。

（2）工作前，对工作人员进行身份鉴别并授予专网堡垒机账号/系统专用运维账号。

（3）工作前，备份重要的文件和程序。测试新版程序与操作系统的兼容性，防止 SCADA 服务器实时数据卡顿现象发生。

（4）工作前，测试新软件程序与操作系统的兼容性。

（5）工作前，应确认所承载的业务已转移到备用服务器上，且验证各种业务运行正常。

（6）工作结束前，确认配电网自动化系统业务运行正常。

2. 配电网表结构变更

在开展配电自动化主站配电网表结构更新工作中，主站运维人员应采取安全措施有：

（1）工作前在网安平台对相关设备进行挂牌。

（2）工作前，对工作人员进行身份鉴别并授予专网堡垒机账号/系统专用运维账号。

（3）工作前，授权使用配电自动化系统数据库检修专用账号，密码满足强口令要求，运维用户账号专人专用，不得泄露用户密码。

（4）工作前，提前将数据库最新备份拷出。

（5）工作前，验证历史服务器运行正常，数据库数据存储、表调阅、修改、增删功能正常。

（6）工作结束前，确认配电网自动化系统业务运行正常。

3. 主站故障处理

在开展配电自动化主站故障处理工作中，主站运维人员应采取安全措施有：

（1）工作前在网安平台对相关设备进行挂牌。

（2）授权使用配电自动化系统专用调试账号。

（3）工作前，检查故障服务器断网后，终端是否在备机正常上线。

（4）工作前，检查确认故障处理对象及承载业务（实时数据刷新、终端通信状态等）运行状态。

（5）工作结束前，确认在线终端数量是否与之前一致以及配电网自动化系统业务是否运行正常。

4. 前置服务器配置参数修改

在开展配电自动化主站故障处理工作中，主站运维人员应采取安全措施有：

（1）工作前在网安平台对相关设备进行挂牌。

（2）工作前，对工作人员进行身份鉴别并授予专网堡垒机账号/系统专用运维账号。

（3）工作前，备份原来的程序以及相关配置文件。

（4）工作前，应确认主服务器所承载的业务已转移到备用服务器上，且验证各种业务运行正常。

（5）工作结束前，确认在线终端数目与原来保持一致以及配电网自动化系统业务运行正常。

5. 主站服务器退役

在开展配电自动化主站服务器退役工作中，主站运维人员应采取安全措施有：

（1）工作前在网安平台对相关设备进行挂牌。

（2）工作前，对工作人员进行身份鉴别并授予专网堡垒机账号/系统专用运维账号。

（3）工作前，备份原来的程序以及相关配置文件。

（4）工作前，应确认主服务器所承载的业务已转移到备用服务器上，且验证各种业务运行正常。

（5）工作结束前，确认在线终端数目与原来保持一致以及配电网自动化系统业务运行正常。

6. 服务器主板、内存等配件更换

在开展配电自动化主站服务器主板、内存等配件更换工作中，主站运维人员应采取安全措施有：

（1）工作前在电力监控系统网络安全管理平台中对需要更换主板、内存等配件的服务

器置检修牌。

（2）工作前应核对设备的厂家、型号和参数等。

（3）工作前，应对原有服务器的业务系统软件、业务数据、配置参数灯进行备份。

（4）工作中应时刻关注系统业务，如若出现异常，应及时还原。

（5）工作后应检查服务器涉及业务运行正常。

（三）主站系统消缺

配电自动化主站系统缺陷分为危急缺陷、严重缺陷、一般缺陷三个等级。

（1）危急缺陷是指威胁人身或设备安全，严重影响设备运行、使用寿命及可能造成配电自动化系统失效，危及电力系统安全、稳定和经济运行的缺陷。此类缺陷须在24h内消除。主要包括配电主站故障停用或SCADA、前置采集、历史数据存储、馈线自动化、安全防护等核心功能失效或异常，调度台全部监控工作站故障停用等。

（2）严重缺陷是指对设备功能、使用寿命及系统正常运行有一定影响或可能发展成为危急缺陷，但允许其带缺陷继续运行或动态跟踪一段时间的缺陷。此类缺陷须在5个工作日内消除。主要包括配电主站除上述核心功能以外的重要功能失效或异常；遥控失败等异常；配电自动化终端通信中断或通道频繁投退（每天投退10次以上或单台终端周在线率低于80%）等。

（3）一般缺陷是指对人身和设备无威胁，对设备功能及系统稳定运行没有立即、明显的影响，且不至于发展为严重缺陷的缺陷。此类缺陷应列入检修计划尽快处理。主要包括配电主站除核心主机外的其他设备的单网运行；单台配电自动化终端通信通道存在投退现象（小于10次/天）；配电自动化终端对时异常等。

服务器或工作站核心功能失效或异常缺陷通常包括应用启停故障、系统应用状态故障、告警服务故障等缺陷，具体处置方法如下：

1. 应用启停故障

（1）先查看系统状态。

（2）如果有应用处于故障/退出，先停止该态下的应用，再重新启动。

（3）若还没有启动成功，查看报错，定位到某一些进程的问题，再去单独运行进程查看报错。

2. 系统应用状态故障

（1）在系统应用启停过程中，注意观察系统报错，并根据系统的报错信息初步定位到影响系统应用启动的程序。

（2）单独启动报错程序，根据系统报错信息，对程序的版本、配置文件、权限等配置参数进行修改。

3. 告警服务故障

（1）所需告警未成功出现。在画面中查看相应遥信、遥测的状态（质量码）是否正常，是否挂牌、封锁遥信、告警抑制等；若画面中无此遥信或遥测，可先在画面中绘制，或者在遥信或遥测定义表中查看其质量码，确保质量码正常。查看配置是否正确，包括：告警窗（告警类型是否选择，告警类型中某一告警状态是否选择）；有无对相应告警类型中相应的告警状态定义告警方式，对应的告警行为是否包含告警动作"上告警窗"（是否设置正确的告警定制分类）；检查遥信、遥测是否配置正确的告警方式；检查节点告警关系定义是否设置了工作站或服务器节点相关告警抑制。检查登录责任区是否包含告警对象。检查登录用户权限是否抑制相关告警。检查相关进程是否正确运行。

（2）告警查询未得所需结果。查看配置是否正确：遥信或遥测配置正确的告警方式，且该遥信或遥测定义的告警方式，对应的告警行为是否包含告警动作"登录告警库"。检查登录责任区是否包含告警对象。检查登录用户权限是否抑制访问相关告警登录表。检查告警入库是否被抑制。

（四）终端退役主站运维

对配电自动化终端退役或对配电自动化终端存在严重故障或现场重大变更且在 72h 内无法恢复运行的配电自动化终端，拟退出运行时，应履行审批手续方可执行，并通知配电主站运维人员将配电自动化系统中该设备的相关信息删除，维护信息如下：

（1）删除配电网 IEC 104 规约表。

（2）删除配电网保护节点表。

（3）删除配电网前置遥测、遥信定义表。

（4）删除配电网遥测、遥信定义表。

（5）删除配电网通道表。

（6）删除配电网通信终端表。

（7）删除配电网终端信息表。

第四节　馈线自动化应用

馈线自动化（feeder automation，FA）是指利用自动化装置或系统，监视配电线路的运行状况，及时发现线路故障，迅速诊断出故障区间并将故障区间隔离，快速恢复对非故障区间的供电。

根据不同的运行方式（FA Running Mode）馈线自动化主要可分为集中式、重合器式、智能分布式三种。

一、集中式馈线自动化

（一）集中式馈线自动化技术原理

集中式馈线自动化包括交互模式运行的半自动 FA 和自动模式运行的全自动化 FA 两种。

自动模式下，主站通过收集区域内配电自动化终端的信息，判断配电网运行状态，集中进行故障定位，自动由主站远程遥控开关完成故障隔离和非故障区域恢复供电。交互模式下，主站通过收集区域内配电自动化终端的信息，判断配电网运行状态，集中进行故障识别，通过人工干预（远程遥控或现场手动操作开关）完成故障隔离和非故障区域恢复供电。

（二）集中式馈线自动化测试

集中式馈线自动化测试需经过测试方案编制、主站仿真测试、主站注入测试、终端注入测试。

1. 测试方案编制

运维检修部首先选定并提供测试线路。配电运检单位进行线路 PMS 单线图的核对，提供告警定值、接线图等资料。调控中心或主站开展主站图模拓扑的验证。测试单位人员参照开关模型、保护定值、实时量测等信息编写测试方案。测试方案需经过运维检修部组织的会审，作为正式测试的依据。

测试方案应在所有供电区段模拟典型故障现象，测试配电自动化主站、通信、终端协同实现故障定位、隔离与恢复非故障区供电的能力。典型的测试项目包括：

（1）主干线首端故障。

（2）主干线末端故障。

（3）开关站（环网柜）进出线故障。

（4）开关站（环网柜）母线故障。

（5）开关站（环网柜）分支线故障。

考虑到配电自动化终端稳定性不足，因各种原因开关，终端会处于非正常运行状态，应当验证系统能否进一步处理复杂故障，测试时应同时对电网系统进行健壮性测试，包含但不限于：

（1）多重故障。

（2）开关拒动。

（3）开关慢动。

（4）通信故障与恢复。

（5）转供容量不足。

（6）联络开关变化。

（7）检修状态。

（8）闭锁状态。

编制测试方案时尤其要关注转供方案的准确性测试，即多条转供路径下转供方案执行合理性，在转供方案引起重载、过载等情况下，FA 功能是否配置合理，以防实际投运后利用 FA 转供时出现线路过载，影响原本正常线路的供电可靠性。

2. 主站仿真测试

主站仿真测试是从逻辑上对该线路的拓扑、参数配置等正确性进行测试，用以验证主站图模是否正确，是否具备后续进行主站注入与终端注入测试的条件。

测试时，测试人员在图形上模拟生成故障信号，系统判断出故障区段并提供线路恢复供电和转供的方案。若仿真测试能通过，则说明配电主站运行正常，馈线自动化功能正常，PMS 单线图中线路拓扑联络关系正常，终端数据库的保护节点配置正常。

FA 主站仿真测试的流程分为检查参数设置、在图形上设置开关状态和保护状态和 FA 仿真测试运行三个步骤。

（1）检查参数设置。FA 主站仿真测试之前，测试人员首先应检查 FA 相关配置参数是否正确。其次，测试人员应检查数据库中断路器 DA 控制模式定义表、保护信号表、配电网静态设备开关关系表、配电网保护节点表中各参数是否设置正确。然后，检查各个保护节点表中保护是否为动作信号，保护关联开关是否正确。最后，测试人员检查图形拓扑是否正确，各元件是否入库，图模关联是否正确，是否存在合环或者上游失电。如果存在合环或上游失电，则会影响 FA 的启动或者判断，需要尽快排除。对于合环状态，需要将联络开关封锁至分位置，对于上游失电，则检查上游拓扑，合联络或者直接将上游母线电压封锁至标准电压值。

（2）在图形上设置开关状态和保护状态。检查 FA 系统参数设置正确后，需要设置馈线开关状态和保护状态。将主站系统切换到实时状态，在 DSCADA 下，将仿真线路对应的开关 DA 模式改为仿真运行模式。

首先将馈线断路器封锁为分状态，断路器对应保护置为动作状态，然后，根据需要仿真测试的故障类型，将故障路径上的配电网保护信号置为动作状态。

（3）FA 主站仿真测试。在开关状态和保护状态设置完毕后，开始故障模拟，主站系统馈线自动化功能会根据故障设置情况，自动推送故障研判结果。

3. 主站注入测试

主站注入测试是测试人员在主站注入测试平台，使用主站注入测试模块替代真实的配电自动化终端，检验配电主站系统的故障处理功能、数据处理能力的测试。

待测线路通过主站仿真测试，在主站注入测试前，应当确认是否满足以下测试条件：

（1）待测线路拓扑分析和仿真故障测试正确。

（2）待测试线路上所有配电自动化终端已与主站联调验收合格并无遗留缺陷，终端告警定值已按要求设置。

（3）配电主站中待测试线路的单线图拓扑联络关系正确且完整，图形设备与现场一致、设备命名、编号正确，满足调度运行要求。

（4）配电主站中待测试线路已完成与地区电网智能调度控制系统（D5000）的边界设备模型拼接工作，具备对变电站出线开关状态、量测的监视和反向遥控功能。

配电网设备数字化技术

主站测试人员用主站注入测试平台模拟配电自动化终端采集的三遥及故障特性信息，仿真配电自动化终端功能，将故障特性数据信息通过通信接口注入被测配电主站系统，并接受主站系统下发的故障处理调整控制命令，做出及时应答，主站注入法的测试接线图如图 3-24 所示。

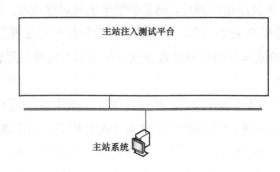

图 3-24　主站注入法测试接线图

主站注入测试的具体操作步骤如下：

1）进行变电站开关配置，设置仿真保护跳闸和故障反应时间，用以模拟变电站开关事故分闸启动 FA 分析。

2）将待测线路上的所有终端（DTU、FTU）与 ONU 之间的网线拔掉，即终端与主站之间的网络通道断开，把主站注入测试模块接入到现场终端所在的网络通道，即测试模块接入到现场 ONU 上。

3）在主站注入测试平台中配置终端参数，在测试工作平台上依次执行需要开展的测试案例。

4）在故障测试过程中，记录故障处理过程，并截图。

5）测试完毕后恢复主站配置，测试人员出具主站注入测试的报告。

4. 终端注入测试

终端注入测试是现场测试人员将配电自动化终端与一次设备断开，使用测试仪替代真实运行的一次设备，检验配电主站系统接收到终端发送的故障信息后，进行故障处理、数据处理的测试。

测试开始前及测试过程中，不应造成运行设备的误动，现场侧与主站侧的测试人员应做好运行安全措施：

（1）接入测试仪开关防止 TA 开接、TV 短路，开关柜就地/远方打到"就地"状态，开关柜操作电源断开。

（2）未接入测试仪的自动化柜对应开关遥控连接片断开，操作电源断开，"就地/远方"打到"远方"状态。

（3）现场测试人员接线完成之后，所有使用测试仪模拟的开关都要进行三遥测试的验

94

证，均需对测试站点上的终端时间准确性进行确认。

（4）主站测试人员应提前推演系统进行故障处理的过程及结果，对可能动作的开关接入测试仪或者在主站设置闭锁。

（5）测试线路上除接入测试仪的开关外，其他所有开关必须通过主站进行闭锁设置，不允许主站进行遥控。

（6）与测试线路有电气连接的所有线路开关进行闭锁设置，不允许主站对其进行遥控操作。

终端注入测试的具体步骤如下：

1）测试时，主站侧先做好二次安全防护，确保非测试线路的 FA 功能正常运行。对被测线路，先设置为交互式 FA 模式，进行 FA 功能的终端注入式测试；测试通过后，将被测线路设置为全自动 FA 模式，再开展 FA 功能的终端注入式测试。

2）现场测试人员将测试仪接入现场配电自动化终端。

3）主站测试人员在测试工作平台上依次执行测试案例，根据测试方案，做必要的参数调整工作。根据现场实际的测试结果及分析，及时调整相关参数，优化 FA 功能，提高 FA 功能的准确性及实用性。

4）测试过程中主站测试人员负责全程监视，并做必要的数据记录工作。终端测试人员配合主站记录试验数据，发现的问题及时处理，无法处理的记录反馈给主管部门。

5）测试完毕后恢复现场，与主站核对遥信、遥测数据，遥控预置须成功。

（三）单相接地故障处置

为进一步提升配电网供电可靠性，降低单相接地故障引发的大面积停电时间风险，结合配电网中性点接地方式现状及特点，对单相接地故障快速处置一般采用以下两种方案：

方案一：对于电容电流超过 150A 或以电缆网为主的系统，采用或改造为中性点低电阻接地方式，通过变电站出线保护快速隔离故障，并利用配电自动化系统实现接地故障的隔离与供电恢复。

低电阻系统单相接地故障处理模式为变电站出线保护＋配电自动化。接地故障发生后，由变电站出线开关实现接地故障切除；配电自动化主站根据配电自动化终端等上送单相接地故障告警或者故障录波数据、故障方向等进行故障定位，开展故障点隔离，完成非故障区域恢复供电。

方案二：对于电容电流低于 150A，且出线规模相对固定的架空、电缆混合网，采用或改造为中性点经消弧线圈接地系统，研究应用小电流选线跳闸技术快速切除故障，并利用配电自动化系统实现接地故障的隔离与供电恢复。

消弧线圈接地系统单相接地故障处理模式为变电站选线装置＋配电自动化。在永久故障发生后，选线装置选出故障线路，当选线装置选线准确率大于 90%时，可考虑由选线装置跳开故障线路出线开关，快速切除故障电流；配电自动化主站根据配电自动化终端上送故障告警、暂态零序电流录波、故障方向等数据，结合变电站选线装置选线或跳闸结果，进行故障定位、隔离以及恢复非故障区域供电；在全三遥线路上，可实现分钟级的单相接地故障点自动隔离以及恢复供电。

二、重合器式馈线自动化

重合器式馈线自动化是指发生故障时，通过线路开关间的逻辑配合，利用重合器（或变电站保护重合闸）实现线路故障定位、隔离和非故障区域恢复供电。根据不同判据又可分为电压—时间型、电压—电流时间型以及自适应综合型。

（一）电压—时间型技术原理和配置

"电压—时间型"馈线自动化是通过开关"无压分闸、来电延时合闸"的工作特性配合变电站出线开关二次合闸来实现，一次合闸隔离故障区间，二次合闸恢复非故障段供电。以下实例说明电压—时间型馈线自动化处理故障的逻辑。

（1）线路正常供电（见图3-25）。

图3-25　线路正常运行

注：QF1为变电站出线断路器，F001、F002、F003为配电网分段开关，L1为联络开关。开关黑色实心为合位，白色空心为分位。

（2）F1点发生故障，QF1检测到线路故障，保护动作跳闸（见图3-26），线路1所有电压型开关均因失电压而分闸，同时L1因单侧失压而启动X时间倒计时。

图3-26　线路故障变电站跳闸

（3）1s后，QF1第一次重合闸。7s后，F001合闸（见图3-27）。

图3-27　启动重合器式馈线自动化判断逻辑

（4）7s后，F002合闸。因合闸于故障点，QF1再次保护动作跳闸，同时，F002、F003闭锁，完成故障点定位隔离（见图3-28）。

图 3-28　故障区段隔离

（5）QF1 第二次重合闸，7s 后，F001 合闸，恢复 QF1～F002 之间非故障区段供电，故障区段上游供电恢复。

电压—时间型不依赖于通信和主站，实现故障就地定位和就地隔离。但传统的电压—时间型不具备接地故障处理能力，也无法提供用于瞬时故障区间判断的故障信息。多联络线路运行方式改变后，为确保馈线自动化正确动作，需对终端定值进行调整。比较适用于 B 类、C 类区域以及 D 类具备网架条件的架空、架混或电缆线路。

（二）电压—电流时间型技术原理和配置

"电压—电流时间型"馈线自动化通过在故障处理过程中记忆失电压次数和过电流次数，配合变电站出线开关多次重合闸实现故障区间隔离和非故障区段恢复供电。以下实例说明电压—电流时间型馈线自动化处理故障的逻辑。

1. 瞬时故障处理逻辑

（1）线路正常供电（见图 3-29）。

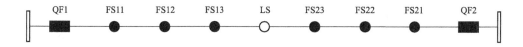

图 3-29　线路正常运行

注：QF1 为变电站出线断路器，FS11、FS12、FS13 为配电网分段开关，LS 为联络开关。开关黑色实心为合位，白色空心为分位。

（2）FS12 与 FS13 之间发生瞬时故障（见图 3-30），QF1 跳闸，FS11、FS12、FS13 失电压计数 1 次，FS11、FS12 过电流计数 1 次，QF1 一次重合成功。

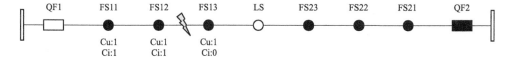

图 3-30　线路瞬时故障

2. 永久故障处理逻辑

（1）线路正常供电时，FS12 与 FS13 之间发生永久故障，QF1 跳闸，FS11、FS12、FS13 失电压计数 1 次，FS11、FS12 过电流计数 1 次（见图 3-31）。

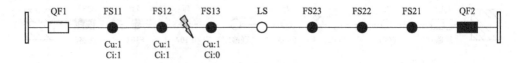

图 3-31　故障路径的开关启动计数

（2）QF1 一次重合失败后 FS11、FS12、F13 失电压计数 2 次，FS11、FS12 过电流计数 2 次。因失电压计数 2 次到，FS11、FS12、FS13 均分闸（见图 3-32）。

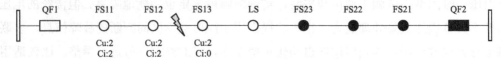

图 3-32　变电站重合失败，故障路径的开关计数

（3）QF1 二次重合，经合闸闭锁时间 X（大于 CB1 一次重合闸时间），FS11 合闸，并经故障确认时间 Y（一般为 X-0.5），FS11 闭锁（见图 3-33）。

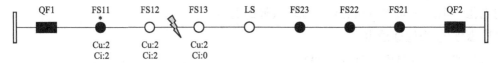

图 3-33　启动重合器式馈线自动化判断逻辑

（4）FS11 合闸后经 X 时间，FS12 合闸于故障，QF1 跳闸，在 Y 时间内 FS12 检失电压分闸并闭锁，FS13 在 X 时间内检残压闭锁（见图 3-34）。

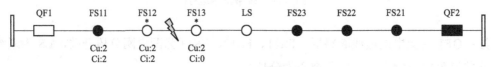

图 3-34　故障区段隔离

（5）QF1 三次重合成功，非故障路径的其他分段器，因过电流计数为 0，即使失电压计数到 2 次也不分闸，非故障区域恢复供电（见图 3-35）。

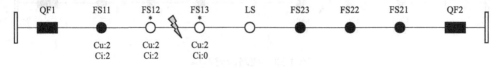

图 3-35　非故障区域恢复供电

3. 分支故障处理逻辑

分支开关可配置独立的分级保护，与变电站出线断路器保护进行级差配合。如果分支

开关未配置分级保护，则发生瞬时故障时处理过程类似主线线瞬时故障，由变电站出线断路器一次重合闸，分支断路器重合恢复供电；发生永久故障时，变电站出线断路器一次重合闸，分支断路器重合速断跳闸隔离故障。

4. 接地故障处理逻辑

（1）按照功率方向整定各分段器的定值（见图3-36）。

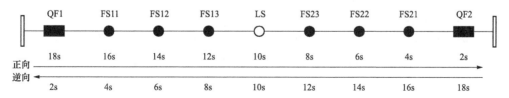

图3-36 根据功率方向整定定值

（2）FS12 与 FS13 之间发生单相接地故障，FS12、FS11、QF1 检测到负荷侧发生了单相接地故障，分别启动单相接地故障计时。14s 后，FS12 分闸并闭锁，完成故障定位和隔离（见图3-37）。

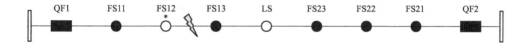

图3-37 故障定位和隔离

（3）通过遥控或现场操作联络开关 LS 合闸，恢复 LS～FS13 区段供电。FS13、LS、FS23、FS22、FS21、QF2 检测到负荷侧发生了单相接地故障，分别启动单相接地故障计时，8s 后，FS13 分闸并闭锁，完成故障定位和隔离（见图3-38）。

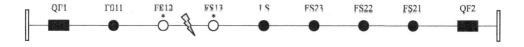

图3-38 非故障区域恢复供电

电压—电流时间型馈线自动化不依赖于通信和主站，实现故障就地定位和就地隔离。瞬时故障和永久故障恢复均较快，且能提供用于瞬时故障区间判断的故障信息。适用于 B 类、C 类区域以及 D 类具备网架条件的架空、架混或电缆线路。采用小电流接地方式的系统如站内已配置接地选线装置也可选用。

需要变电站出线断路器配置三次重合闸。如果只能配置两次，那么瞬时故障按照永久故障处理。如果只能配置一次，需要站外首级开关采用重合器，并配置三次重合闸。非故障路径的用户也会感受多次停复电，多分支且分支上还有分段器的线路终端定值调整较为复杂。多联络线路运行方式改变时，终端需调整定值，运维工作量加大。

（三）自适应综合型技术原理和配置

自适应综合型馈线自动化是通过"无压分闸、来电延时合闸"方式、结合短路/接地故障检测技术与故障路径优先处理控制策略，配合变电站出线开关二次合闸，实现多分支多联络配电网架的故障定位与隔离自适应，一次合闸隔离故障区间，二次合闸恢复非故障段供电。以下实例说明自适应综合型馈线自动化处理故障逻辑。

1. 主干线短路故障处理

（1）FS2 和 FS3 之间发生永久故障，FS1、FS2 检测故障电流并记忆（见图 3-39）。

注：QF 为变电站出线断路器，其余为配电网开关。开关黑色实心为合位，白色空心为分位。

（2）QF 保护跳闸，电压型开关失电压分闸。2s 后，QF 第一次重合闸（见图 3-40）。

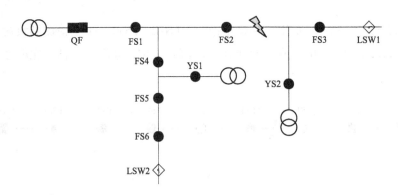

图 3-39 故障路径的开关检测故障电流并记忆

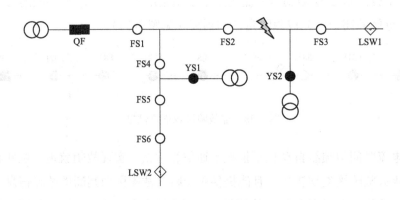

图 3-40 变电站重合

（3）FS1 一侧有压且有故障电流记忆，延时 7s 合闸。FS2 一侧有压且有故障电流记忆，延时 7s 合闸，FS2 合闸于故障点（见图 3-41）。FS4 一侧有电压但无故障电流记忆，启动长延时 7＋50s（等待故障线路隔离完成，按照最长时间估算，主干线最多 4 个开关考虑一级转供带 4 个开关）。

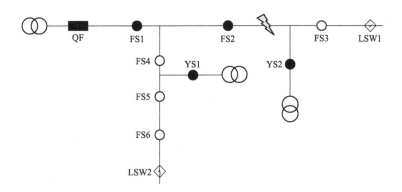

图 3-41 启动故障路径上开关的重合器式馈线自动化判断逻辑

（4）由于是永久故障，QF 再次跳闸，FS2 失电压分闸并闭锁合闸，FS3 因短时来电闭锁合闸。QF 二次重合，FS1、FS4、FS5、FS6 依次延时合闸（见图 3-42）。

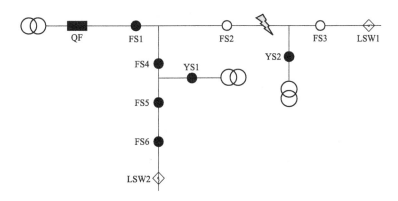

图 3-42 线路开关合闸恢复供电

2. 主干线接地故障（小电流接地）处理

（1）安装前设置 FS1 为选线模式，其余开关为选段模式。

（2）FS5 后发生单相接地故障，FS1、FS4、FS5 依据暂态算法选出接地故障在其后端并记忆（见图 3-43）。

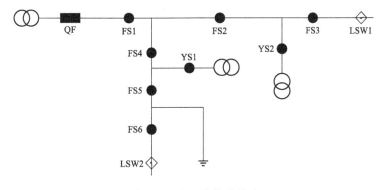

图 3-43 主干线接地故障

（3）FS1 延时保护跳闸（20s）。延时 2s 后，FS1 重合闸（见图 3-44）。

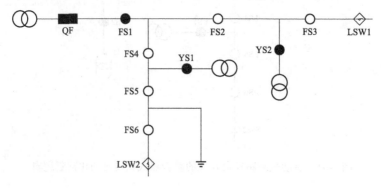

图 3-44 开关重合

（4）FS4、FS5 一侧有电压且有故障记忆，延时 7s 合闸，FS2 无故障记忆，启动长延时（见图 3-45）。FS5 合闸后发生零序电压突变，FS5 直接分闸，FS6 感受短时来电闭锁合闸。

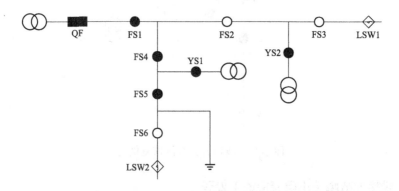

图 3-45 故障路径的开关启动重合式馈线自动化判断逻辑

（5）FS2、FS3 依次合闸恢复供电（见图 3-46）。

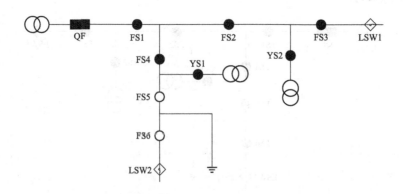

图 3-46 非故障路径恢复供电

自适应综合型馈线自动化不依赖通信方式即可完成故障隔离，可靠性更高。具备处理短路故障和不同接地系统接地故障的能力。但其相比传统电压—时间型和主站集中型非故障区域的恢复供电速度稍慢，停电检修后送电时间稍长，接近 4min。适用于 B 类、C 类区域以及 D 类具备网架条件的架空、架混或电缆线路。

三、智能分布式馈线自动化

（一）速动型分布式馈线自动化

速动型分布式馈线自动化应用于配电线路分段开关、联络开关为断路器的线路上，配电终端通过高速通信网络，与同一供电环路内相邻分布式配电终端实现信息交互，当配电线路上发生故障时，在变电站出口断路器保护动作前，实现快速故障定位、故障隔离和非故障区域的恢复供电。速动型分布式馈线自动化主要应用于对供电可靠性要求较高的城区电缆线路，包括但不限于 A+、A 类区域，适用于单环网、双环网、多电源联络、N 供一备、花瓣形等开环或闭环运行的配电网架。

以主干线发生短路或接地故障为例，动作逻辑如下：

（1）配电站 1 的 2 号开关、配电站 2 的 3 号开关之间发生短路或接地故障，如图 3-47 所示。

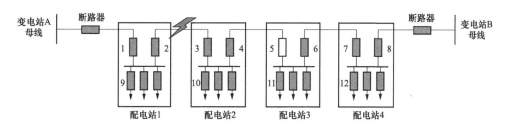

图 3-47 主干线短路或接地故障

图 3-47 中，开关黑色实心为合位，白色空心为分位。

（2）分布式 FA 启动，定位故障发生在 2 号开关和 3 号开关之间；在变电站 A 出口断路器跳闸之前，2 号开关分闸，3 号开关分闸，故障隔离完成，如图 3-48 所示。

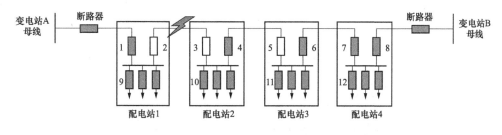

图 3-48 故障区段隔离

（3）确定故障隔离成功，合上 5 号开关（不过负荷时），完成非故障区段恢复供电，故障处理完成，FA 结束，如图 3-49 所示。

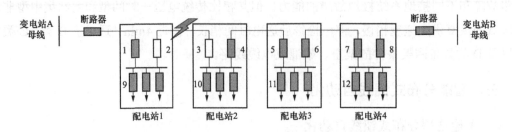

图 3-49　非故障区段转供

（4）若在故障隔离过程中 2 号开关拒动，如图 3-50 所示。

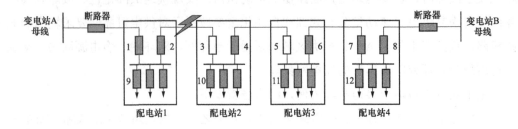

图 3-50　2 号开关拒动

（5）扩大一级隔离，则 1 号开关分闸，故障隔离完成，如图 3-51 所示。

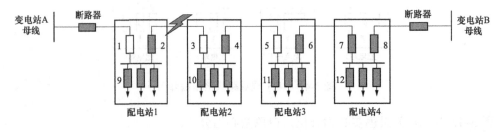

图 3-51　扩大一级隔离

（6）确定故障隔离成功，合上配电站 3 的 5 号开关（不过负荷时），完成非故障区段恢复供电，故障处理完成，FA 结束，如图 3-52 所示。

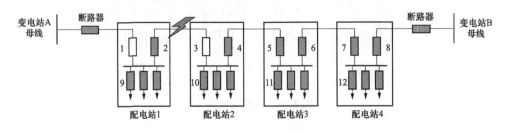

图 3-52　非故障区段转供

（二）缓动型分布式馈线自动化

缓动型分布式馈线自动化主要通过检测故障区段两侧短路电流、接地故障的特征差异，从而定位故障发生在对应区段。在故障定位完成后，在变电站馈线保护动作切除故障之后，经延时隔离相应故障区段，随后合上变电站出口开关，恢复故障点上游非故障区域的供电，并判断联络电源转供条件满足与否。若满足，合上联络开关，完成故障点下游非故障停电区域的供电恢复。缓动型分布式馈线自动化适用于单环网、双环网等开环运行的配电网架。

以主干线发生短路或接地故障为例，动作逻辑如下：

（1）配电站2的2号开关与配电站3的1号开关之间的线路发生故障。如图3-53所示。

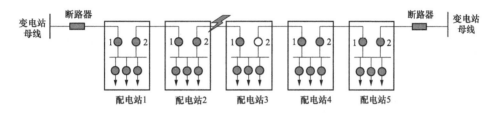

图 3-53　主干线短路或接地故障

（2）分布式FA启动，在变电站出口开关跳闸。如图3-54所示。

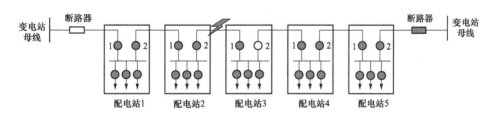

图 3-54　变电站出口开关跳闸

（3）变电站出口开关跳闸之后，配电站2的2号开关分闸，配电站3的1号开关分闸，如图3-55所示。

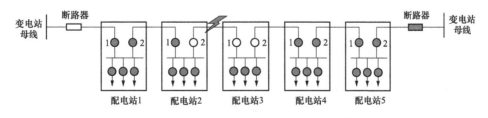

图 3-55　故障区段隔离

（4）合上配电站3的2号开关（不过负荷时），恢复下游非故障区段供电；合上变电站出口开关（遥控合闸、人工合闸或重合闸），恢复上游非故障区段供电，故障处理完成，FA 结束，如图 3-56 所示。

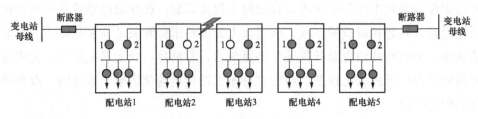

图 3-56　非故障区段恢复

（5）若配电站 2 的 2 号开关拒动，扩大一级则配电站 2 的 1 号开关分闸。如图 3-57 所示。

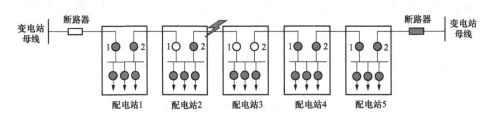

图 3-57　配电站 2 的 2 号开关拒动

（6）合上配电站 3 的 2 号开关（不过负荷时），恢复下游非故障区段供电；合上变电站 1 出口开关（遥控合闸、人工合闸或重合闸），恢复上游非故障区段供电，故障处理完成，FA 结束，如图 3-58 所示。

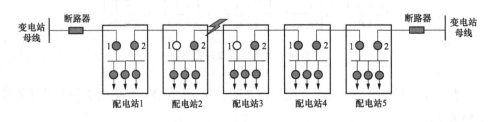

图 3-58　非故障区段恢复

四、馈线自动化管理

（一）馈线自动化测试管理

配电线路及开关、终端及通信、主站系统在满足下列条件后，方可开展配电自动化 FA 功能测试。

1. 线路及开关

（1）线路至少具备 1 个可实现线路分段的自动化开关。

（2）主干线设备无缺陷。

（3）PMS 单线图中线路拓扑联络关系正确且完整，线路图模与现场实际一致。

（4）线路上所有自动化开关均完成传动试验，运行正常。

2. 终端及通信

（1）终端定值设置正确。

（2）配电自动化终端处于"远方"工作状态，遥控连接片投入，操作电源正常，可进行正常遥控。

（3）线路上所有配电自动化终端均通过验收并运行正常，不存在未消除的异常或缺陷。

（4）PMS 单线图中配电自动化终端设备属性（二遥或三遥）标注正确，分段开关、联络开关的动合、动断属性设置正确。

（5）小电阻接地系统的中压配电线路应配置零序 TA，供配电自动化终端检测零序过电流信号使用。

（6）FA 线路配套通信光缆应通过验收，各纤芯损耗指标测试正常，并在投运前提供光缆 GIS 图、OTDR 测试记录、光配资料、光缆定位表、竣工报告。

3. 主站系统

（1）配电主站图模正确，图形设备与现场一致、设备命名、编号正确，满足调度运行要求。

（2）通过直采或调度转发方式，获取线路出线开关实时信息，待投全自动 FA 功能的线路出线开关开放遥控权限。

（3）待投全自动 FA 功能的线路联络开关运行方式改为热备用，确保联络开关能够进行遥控操作。

（二）馈线自动化投运管理

1. 交互式馈线自动化

首次投运的交互式 FA 线路，应进行主站仿真测试，再启用交互式 FA 功能。

对于非首次投运的交互式 FA 线路电气拓扑关系发生变化，或新增、退役配电自动化终端时，需重新进行主站仿真测试，再启用交互式 FA 功能。

2. 全自动馈线自动化

线路首次投运全自动 FA 功能时，管理人员应当严把申请、测试、审核、投运关。

对于已投运的全自动 FA 线路异动，因系统停电检修或改造时产生异动时，报送停电检修申请单或新上设备送电申请单时，应同步提交全自动 FA 线路异动申请表及测试方案。馈线自动化管理人员审批后根据全自动 FA 线路异动申请表切换全自动 FA 线路状态。

线路异动结束并送电后，根据全自动 FA 线路异动申请表要求，若需重新测试，由测试人员完成测试并出具测试报告。馈线自动化管理人员进行调度自动化系统 FA 断路器配置维护（白名单变更），根据全自动 FA 线路异动申请表要求及报告结论，重新启用异动线路的全自动 FA 功能。

非首次投运的全自动 FA 线路新增、退役三遥配电自动化终端或二遥转三遥时、网络拓扑连接关系发生变化时，应重新进行主站注入法测试后方可启用全自动 FA 功能。

非首次投运的全自动 FA 线路新增、退役二遥配电自动化终端或三遥转二遥时，应重新进行主站仿真测试后方可启用全自动 FA 功能。

同类型配电自动化终端更换，配电运检单位确保变更后的配电自动化终端参数与已通过测试参数一致，或仅发生运行方式改变，如联络开关状态发生变化、线路检修、设备停用等不会引起线路拓扑关系发生变化时，不需要重新测试。

第四章 配电物联业务及管理

本章概述

配电物联体系作为配电网数字化技术业务及管理的重要支撑，通过智能配变终端（TTU）、低压智能融合终端、智能站房辅助设备等低压感知设备，基于"云、管、边、端"的配电物联体系架构，实现低压台区、站房的可观、可测、可控等智能化功能。本章主要结合基层班组实际业务开展情况对配电物联业务及管理方面的工作进行详细介绍，包括低压智能融合终端调试验收、低压智能台区运维、智能站房调试验收及运维管理等三部分内容。

学习目标

1. 掌握低压智能融合终端调试验收业务逻辑、业务内容及实施要求。
2. 熟悉低压智能台区相关的运维工作内容及管理要求。
3. 掌握低压智能融合终端缺陷处置的思路、方式方法。
4. 了解智能站房设备安装、调试、验收相关的工作内容及工艺要求。
5. 了解智能站房设备运维管理要求。

第一节 低压智能融合终端调试验收

低压智能融合终端调试验收按照验收工单编制、验收工单派发、验收工单接收、工厂调试、工厂验收、工厂验收审核、现场安装调试、现场验收、现场验收审核、工单办结等十步流程开展，流程图如图 4-1 所示。下面将详细介绍验收工单编制、工厂调试、工厂验收、现场调试、现场验收等五项关键步骤。

一、验收工单编制

低压智能融合终端调试验收作业应由配电自动化管理人员发起，通过云主站系统或配电自动化终端运维 App，查询融合终端台账，针对融合终端编制接入验收工单（一个验收工单对应一台设备）；主站侧运维人员通过主站系统或配电自动化终端运维 App，检索终端

侧调试人员对融合终端接入验收工单进行派发；终端侧调试人员通过配电自动化终端运维
App，查询融合终端接入验收工单，接收并进行验收处理。

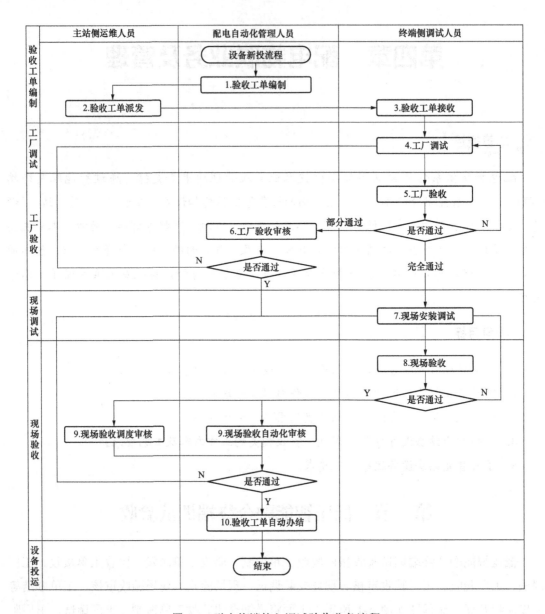

图 4-1 融合终端接入调试验收业务流程

二、工厂调试

（一）工厂调试流程

终端侧调试人员通过配电自动化终端运维 App，进行工厂调试。查询物联平台数据确
认设备已经接入物联平台，之后分别更新终端设备 ESN 码、SIM 卡序列号、软件版本、硬

件版本、出厂日期、通信方式等信息，并由业务中台返回更新结果；然后调试遥测、遥信等信息，通过配电云主站进行信息校核验收。

（二）工厂调试步骤

（1）首先应在 PMS 系统完成融合终端台账维护及一、二次关联，并向配电云主站推送融合终端对应低压台区的图模文件，在配电云主站中完成融合终端台账数据的核对与注册确认。信通人员提供融合终端所需 SIM 卡、安全证书，终端侧完成融合终端接入物管平台以及云主站所需参数配置，信通人员在物联管理平台进行融合终端接入信息确认，主站侧人员在云主站进行融合终端接入信息确认。

（2）PMS 侧融合终端维护及低压图模推送。首先在 PMS 侧进行图模维护，选中需要维护的低压台区进行新增，按系统要求进行融合终端、分路监测单元和智能开关台账信息维护。

（3）配电云主站侧图模校验。PMS 是低压台区图模数据的源头，配电云主站从 PMS 获取融合终端的台账信息及与配变的关联关系，使用者可在配电云主站"配变监测"中查看对应低压台区图模是否成功导入配电云主站，低压台区图形可以通过功能菜单"台区图形"查看；如未有相应图形则需要在 PMS 系统推图解决。

（4）配电云主站侧融合终端注册。首先进入终端接入向导，选择要注册的台区，单击向导介入后会显示开关数量，选择"选择现有模型"，确认设备 ESN 码、选择产品型号，随后配电云主站将调用物联管理平台，将边设备信息同步至物管平台。该过程可以实现批量导入，需要下载相应模板，填写完成后拖入页面，即可完成设备批量导入。

（5）融合终端通信模块配置。首先 SIM 卡卡槽内插入 SIM 卡并锁定，分别接至左右两侧天线，随后分别完成无线公网卡（实体卡）和无线专网卡（虚拟卡）的配置，在配置完成后根据现场实际要求进行公专网切换功能设置，一般建议优先使用专网模式，最后启动拨号程序，完成通信模块配置。

（6）融合终端安全证书配置。安全证书的申请一般由终端侧调试人员根据设备 ESN 号使用省信通提供的软件，生成后缀分别为".csr"".key"".keypair"".pri"".pub"的文件，市县信通专业将 csr 和 key 文件提供至省信通公司，省信通公司回复安全证书文件，再由终端侧调试人员在融合终端导入安全证书，过程中一定要确保融合终端 ESN 号的唯一性。主要步骤为首先制作证书请求文件、导入 tvpn 程序、导入证书、修改 tvpn 配置文件 client.conf、查看融合终端与安全网关连接状态。

（7）物联管理平台侧融合终端接入确认。在设备侧尝试 ping 安全接入网关，若能 ping通，则说明网络正常，可以接入物联平台。若不能则在终端侧 ping 无线专网/公网核心网，看能否 ping 通。若能则证明无线网络正常，联系信通相关人员排查安全接入网关侧是否存在问题；若不能，则联系主站侧人员进行排查解决。

未接入平台时，可在设备侧查看平台返回的边设备认证返回的消息，若返回的错误码为"4007"，提示信息"设备没有注册"，需要登录物管平台查看该设备的 SN 字段对应的值是否和设备认证消息中的 SN 字段值一致。若不一致，则通知设备侧修改对应的 SN 码，若平台中不存在该设备，则通知配电云主站侧进行新增；若返回的错误码为"4008"，提示信息"SN 为空或 null"，则通知设备侧，在发送边设备认证请求时，添加对应的设备 SN 码；若返回的错误码为"5010"，提示信息"物模型不存在"，则通知配电云主站侧，添加对应的设备类型。

（8）配电云主站侧融合终端接入确认。主站侧不能上线需要进行问题排查。常见情况有主站新增边、端设备，若返回的错误码为"4001"提示信息"请求参数异常"，需要登录云主站查看该设备的各项参数值是否与台账一致，若与台账不一致，则更正填入信息，若与台账一致，则与设备侧核对台账信息录入是否正确；若返回的错误码为"4005"，提示信息"设备已注册"，需要登录云主站查看该设备的"SN"字段对应的值是否存在重复，若存在重复，则与设备侧核对台账信息是否正确，若不存在重复，则核对台账信息与填入信息是否一致；若返回的错误码为"5015"，提示信息"物管平台创建失败"，则与物管平台确认平台运行正常，若平台运行正常，可能是主站与平台之间的链接异常，联系配电云主站研发人员提供技术支持；若返回的错误码为"5001"，提示信息"请求失败"则通知配平台侧，确认是否物管平台已经存在相关设备，联系平台协调解决。

三、工厂验收

终端侧调试人员通过配电自动化终端运维 App，按照工厂验收卡验收条目逐项验收并上传图片，主要有核对装置外贴 ESN 码与实际一致、核对 ESN 码与 PMS 台区对应关系是否正确、检查终端在物管平台及云主站是否上线、检查云主站终端数据上送校验模块中所有环节是否成功、检查遥测误差在 0.5% 以内等，根据实际验收和整改结果提交验收结果（部分通过/完全通过）到业务中台并同步至云主站。

工厂验收过程中，配电自动化管理人员通过配电自动化终端运维 App，对终端侧调试人员提交的"部分通过"的内容进行审核（完全通过的验收单无需审核）。审核不通过，填写原因，便于调试人员进行整改，验收登记记录表如表 4-1 所示。

表 4-1　　　　　　　　　工厂验收资料卡

台区名称		终端 ESN 码 【增加终端资产码 ID】	
终端厂家		Sim 卡序列号 【区分公专网】	
终端型号		终端出厂日期	
硬件版本		注册日期	
终端通信方式		软件版本	

交采 App		版本号	
底板程序		版本号	
框架程序		版本号	

序号	要求	验收结果
1	检查外贴装置 ESN 码、资产码与实际是否一致 （通过 App 扫码对比自动判断）	【通过/不通过】
2	检查装置 ESN 码与 PMS 台区对应关系是否正确 （通过 App 扫码对比自动判断或人工判断）	【通过/不通过】
3	检查融合终端参数配置 （TA 变比、配电变压器容量等）	【通过/不通过】
4	检查终端在物管平台、云主站是否上线 （系统自动判断）	【通过/不通过】
5	检查云主站终端数据上送校验模块中，所有环节是否成功（系统自动判断）	【通过/不通过】
6	抽查配电变压器停复电遥信数据 （人工判断）	【通过/不通过】
7	抽查遥测数据，显示误差＝（显示一次值－标准一次值）/标准一次值×100%，应在 0.5%以内 （人工判断与 App 判断）	【通过/不通过】

相别	U_a	U_b	U_c	I_a	I_b	I_c	I_n（零序）
标准二次值	90V	100V	110V	1A	2A	5A	固定的
标准一次值	90V	100V	110V	120A	240A	600A	根据变比计算
显示一次值							
结果							

调试单位	调试人员 App 录入后，提交至业务中台，云主站可通过中台查询接口访问	人员签字
验收单位	审核人员 App 录入后，提交至业务中台，云主站可通过中台查询接口访问	人员签字
调试日期	工厂验收提交时，自动录入业务接口调用系统的时间，提交至业务中台	

四、现场调试

（一）调试流程

终端侧调试人员现场调试时，首先通过配电自动化终端运维 App 核对现场设备 ESN 编码进行终端台账信息查询，根据现场情况维护终端设备接线顺序，然后进行现场过电压、欠电压、失电压、缺相等遥信测试，进行电压、电流等遥测数据核对。

（二）调试要求

1. 台区智能融合终端端口接线要求

台区智能融合终端端口接线要求主要有：电压、电流接线须采用两根独立电缆，其中电压接线采用 4×2.5mm² 电缆；电流接线采用 10×2.5mm² 电缆；集中器、接线盒与台区智能融合终端的电压、电流接线须一一对应；通信接线须根据集中器支持通信协议的类型选取。若集中器仅支持 376.1 协议，则集中器与台区智能融合终端之间采用 RS485 通信标准，通信接线须采用非铠装双绞屏蔽型电缆（STP-120Ω）；若集中器支持 698.41 协议，则集中器与台区智能融合终端之间采用以太网通信标准，通信接线须采用网线。

2. 二次接线施工工艺要求

二次接线施工工艺要求主要包含导线敷设、设备连接、导线编号、施印封加四个方面。

导线敷设方面的要求主要有：计量二次回路的连接导线应采用铜质单芯绝缘线。对电流二次回路，连接导线截面积应按电流互感器的额定二次负荷计算确定，至少不应小于 4mm²；对电压二次回路，连接导线截面积应按允许的电压降计算确定，至少不应小于 4mm²；二次回路导线外皮颜色宜采用：U 相为黄色，V 相为绿色，W 相为红色，中性线（N）为蓝色或黑色，接地线为黄绿双色；电压、电流回路导线排列顺序应正相序，黄（U）、绿（V）、红（W）色导线按自左向右或自上向下顺序排列；导线敷设应做到横平竖直、均匀、整齐、牢固、美观，避免交叉、缠绕等；导线转弯处留有一定弧度，并做到导线无损伤、无接头、绝缘良好；导线转弯应均匀，转弯弧度不得小于线径的 6 倍，禁止导线绝缘出现破损现象。

设备连接方面的要求主要有：电能表、采集终端的电压、电流回路必须一个接线孔连接一根导线，强弱电隔离板齐全；导线和电能表、采集终端、试验接线盒的端子连接时，剥去绝缘部分，导体部分不能有整圈伤痕，其长度宜不超过 20mm；螺栓拧紧后导体部分应有两个压痕点，不得有导体外露、压绝缘现象；电能表、采集终端与接线盒的连接导线，如有必要可用扎带绑扎整齐。

导线编号方面的要求主要有：接线盒与集中器、台区智能融合终端的连接导线两端宜有导线编号；母线与接线盒、互感器与接线盒的连接导线两端应有导线编号；对导线进行编号宜采用编号管；若导线为单色线，宜采用彩色标记（如彩色胶带等）对导线进行区分；导线编号应按安装接线图采用相对编号法进行编写；对于没有安装接线图的计量装置，可采用回路编号法编写；做到字迹清晰、整齐且不易褪色；导线编号管直径应与导线直径相配合；导线编号管长度应基本一致，其长度宜为 20mm±2mm；导线编号管应套在导线两端的绝缘层上，字符方向应与视图标示方向一致；水平放置时，字符应从左到右排列，同列的应上下对齐；垂直放置时，字符应从上到下排列，同排的应左右对齐。

封印施加方面的要求主要有：电流互感器与电压互感器接线端子、电能表与采集终端、接线盒须装设封印，计量箱（柜）柜中可关合、打开后可以操作计量装置的门、电压互感器一次隔离开关操作机构应装设封印；每一个加封螺钉（加封孔）装设一颗封印，施封后尾线应修剪适当；对施封后的穿线式封印的封线环扣施加任意方向的 60N 拉力，封线应无拉断及被拉出现象，锁扣要保证在任何情况下都不能被无损坏的拉出，破坏后不可恢复；卡扣封印在不被破坏的情况下不应被拉出；施封后封印编码应清晰、完整、方便读取。

3. 现场施工注意点

在整个台区智能融合终端接线过程中，严禁电流回路开路，电压回路短路。接线开始前应记录集中器电流、电压数值；在集中器采集数据后 1min 内，将接线盒内电流回路短接，并将集中器显示屏切至电流界面，观察电流数据渐变为 0，确认短接成功；电流回路短接成功后，将接线盒内电压回路断开，之后将控制电缆按相应回路接入接线盒及集中器。按照端口说明进行接线过程确认无误后，恢复接线盒中电压、电流端子，在集中器的电压、电流显示界面查看电压、电流情况，检查集中器无异常显示；合上台区智能融合终端电压空气开关，用万用表测量电压数值，用钳形电流表测量电流数值，与之前记录的电流电压数值进行比对，确认无误。现场数据连接完毕，通过无线公网（VPN），与主站进行通信，同时核对数据，完成站点联调。

五、现场验收

终端侧调试人员通过配电自动化终端运维 App，按照现场验收卡验收条目逐项验收并上传图片，检查现场终端与台区对应关系无误、检查安装可靠接线正确、检查外挂符合规范、检查电流互感器二次回路二次线可靠及接地良好、检查改造前后三相电流、三相电压、有功功率遥测数据一致，提交验收结果到业务中台。

融合终端采集数据信息包含配变本体、智能开关、分路监测单元、h3761 型集中器、h698 集中器、可开放容量（配变、开关）、电能质量（开关、电能表）、可靠性（配变、开关、电能表）、线损（配变、开关）、分布式电源、充电桩、无功补偿、电能质量（配变）等。

配电自动化管理人员、主站侧运维人员通过配电自动化终端运维 App，对现场验收提交内容进行审核。审核不通过，填写原因，便于现场侧调试人员进行整改，待现场验收审核通过后，融合终端接入验收流程结束，验收工单由主站系统自动小结；该融合终端的状态设置为"投运"，现场验收登记表如表 4-2 所示。

表 4-2　　　　　　　　　　　现 场 验 收 登 记 表

台区名称		终端 ESN 码 【增加终端资产码 ID】	
终端厂家		Sim 卡序列号【区分公专网】	
终端型号		终端出厂日期	
硬件版本		注册日期：	
终端通信方式		软件版本	
交采 App		版本号	
底板程序		版本号	
框架程序		版本号	

TA 变比、配变容量【现场】		
序号	要求	验收结果
1	自动扫码识别，检查融合终端与台区对应关系正确（App 扫码对比判断或现场人工判断）	【通过/不通过】
2	检查融合终端本体安装可靠，电源接线正确。检查外挂箱安装符合施工规范。检查外挂箱固定铁附件安装稳固，外挂箱安装高度符合运行要求（现场拍照上传及人工判断）	【通过/不通过】
3	检查电流互感器二次回路：二次线可靠固定、接地良好，防止被外力扯断（现场拍照上传及人工判断）	【通过/不通过】
4	检查融合终端云主站在线状态（自动判断）	【通过/不通过】
5	检查融合终端遥测数据采集上传正确。通过云主站数据接口获取"改造前和改造后的 U_a、U_b、U_c、I_a、I_b、I_c、I_n、P、Q"，通过云主站接口获取"运行值" U_a、U_b、U_c、I_n、I_a、I_b、I_c；App 计算：（改造后值－运行值）/运行值×100%，范围 10%左右，App 计算后与终端上送值自动校核得出结果（主站配合自动判断）	【通过/不通过】
6	检查配变停复电遥信数据（人工判断）	【通过/不通过】
7	检查融合终端采集的低压设备信息正确（暂不考虑）	【通过/不通过】
8	检查电压电流回路接线相序正确，检查导线绝缘良好无破损。核对套管、电缆颜色、电缆线号，记录集中器改造前后的遥测值，确认改造前后集中器遥测数据无异常（现场拍照上传/人工判断）	【通过/不通过】

集中器显示	U_a	U_b	U_c	I_a	I_b	I_c	I_n（零序）	P	Q
改造前集中器读值									
改造后集中器读值									
云主站运行值								—	—

施工单位	由调试人员 App 录入后，提交至业务中台，云主站可通过中台查询接口访问	人员签字	（密码校验时，参数代入"文字"或"签字图片"）
现场验收单位	由审核人员 App 录入后，提交至业务中台，云主站可通过中台查询接口访问	人员签字	（密码校验时，参数代入"文字"或"签字图片"）
主站验收单位	云主站已经和 ISC 集成（主站操作）	人员签字	云主站已经和 ISC 集成（主站操作）
调试日期	工厂验收提交时，自动录入业务接口调用系统的时间，提交至业务中台		

第二节　低压智能台区运维

低压智能融合终端运维原则上按设备归属关系进行管理，并照此原则进行职责划分，低压台区管理人员负责或配电自动化管理人员低压智能融合终端如台区智能融合终端的运维及管理，省级信通运维人员负责物联管理平台的运维及管理，主站侧运维人员负责配电云主站的运维及管理。

一、低压智能融合终端运维

（一）终端运维要求

（1）低压智能融合终端运行维护人员应定期对终端设备进行巡视、检查、记录，发现异常情况及时处理，做好记录并按有关规定要求进行汇报。低压智能融合终端应建立设备的台账（卡）、设备缺陷、测试数据等记录。

（2）低压智能融合终端进行运行维护时，涉及停电应办理相关停电手续，获得准许后方可进行；如低压智能融合终端系统通信通道发生异常、故障时，由现场运行维护人员及时处理。

（3）低压智能融合终端系统通信运行维护人员应按照配电通信的有关规定和配电云主站运行维护的要求进行工作。低压智能融合终端系统通信设备进行运行维护时，如需要中断通道，应按有关规定事先取得配电云主站运行维护人员的同意后方可进行。

（4）当低压智能融合终端系统通信系统发生异常时，应通知配电云主站运行维护人员并按照缺陷处理要求时限及时处理。运行中的低压智能融合终端系统涉及系统参数变更时，应经相关部门审批后方可修改。监控人员发现低压智能融合终端业务功能、信息交互、工作状态及通信状态异常，应及时通知有关运行维护部门进行处理。

（5）在不能实现远程操作的前提下，低压智能融合终端运行维护人员应按工作要求和厂家说明，或使用终端运维工具及时对终端内的应用程序进行本地安装、更新、卸载、核对等工作，确保终端应用功能正常使用。

（二）终端 App 运维

低压台区硬件设备采集的数据通过智能融合终端 App 应用进行数据汇集，经融合终端边缘计算后，上送配电云主站。低压台区硬件设备安装完成后，需运维人员使用调试软件进行本地 App 调试运维工作。

1. 维护软件使用

目前，主流的低压智能融合终端维护软件为"Xshell"，下面以"Xshell"软件操作为例，介绍维护软件与低压智能融合终端建立连接的操作。

（1）使用通用 6 类网线连接 PC 网口与融合终端本地维护网口。

（2）配置 PC 本地地址与融合终端地址在同一网段。

（3）打开 Xshell 软件，新建 PC 端与融合终端的连接。在协议栏选择"SSH"选项，在主机栏输入融合终端本地运维网口 IP 地址，如"192.168.10.101"，在端口栏输入"8888"。配置完成后，选择配置好的连接，输入登录用户名、密码，即可进入与融合终端系统的交互界面。

（4）通过智芯融合终端系统操作指令可进行本地运维操作，如图 4-2 所示。

```
WARNING! The remote SSH server rejected X11 forwarding request.
Welcome to Ubuntu 16.04.1 LTS (GNU/Linux 3.10.108 armv7l)

 * Documentation:  https://help.ubuntu.com
 * Management:     https://landscape.canonical.com
 * Support:        https://ubuntu.com/advantage
Last login: Mon Aug  8 13:32:16 2022 from 192.168.10.253
root@SCT230A:~#
```

图 4-2　低压智能融合终端系统运维界面

2. App 本地安装

以 ini-App 为例，使用运维软件连接融合终端后，使用指令将 App 导入终端内部目录 /home/sysadm/目录下，执行 appm-i 安装指令，完成 App 安装，如图 4-3 所示。

```
sysadm@SCT230A:~$ appm -i -c c_h698app -n ini-cs -f ini-cs.tar
sysadm@SCT230A:~$ appm -I -c c_h698app
Total app number 2

App index       : 0
App name        : h698app
App version     : GWJS-ZX-h698app-SV01.010
App hash        : 727720a73670f8a1ba5aa84ee0e1b11c
Service index   : 0
Service name    : srv0
Service enable  : yes
Service status  : running
CPUs            : 4
CPU threshold   : 90%
CPU usage       : 0%
Mem Limit       : 300m
Mem threshold   : 90%
Mem usage       : 2.51m
Start time      : 2022-08-08 13:41:51

App index       : 1
App name        : ini-cs
App version     : GW-CNTR835-ini-cs-CV01.000
App hash        : e624e2f8909327a99046c49fa63ff4ea
Service index   : 0
```

图 4-3　导入 ini-App 包

3. App 本地调试

安装完成 ini-cs 应用后，进入/data/App/目录下，修改配置文件，包括 App 模型文件、物理挂载配置文件、主题订阅等，如新更换模型文件或配置文件后，App 需重新安装。

4. App 本地删除

App 调试过程中或台区非必要安装某一 App 应用，运维人员可通过本地去删除非必要的 App 应用，减少终端内存占有率，卸载 App 指令为 appm-u，如图 4-4 所示。

```
App index       : 1
App name        : ini-cs
App version     : GW-CNTR835-ini-cs-CV01.000
App hash        : e624e2f8909327a99046c49fa63ff4ea
Service index   : 0
Service name    : srv0
Service enable  : yes
Service status  : running
CPUs            : 4
CPU threshold   : 90%
CPU usage       : 0%
Mem Limit       : 300m
Mem threshold   : 90%
Mem usage       : 0.40m
Start time      : 2022-08-08 13:41:50

sysadm@SCT230A:~$ appm -u -c c_h698app -n ini-cs
sysadm@SCT230A:~$
```

图 4-4　App 删除

（三）终端缺陷管理

台区智能融合终端系统缺陷分为三个等级——危急缺陷、严重缺陷和一般缺陷。

（1）危急缺陷是指威胁人身或设备安全，严重影响设备运行、使用寿命及可能造成系统失效，危及电力系统安全、稳定和经济运行，必须立即进行处理的缺陷，主要包括：云主站故障停用或主要监控功能失效；台区智能融合终端系统通信系统主站侧设备故障，引起大面积终端通信中断；台区智能融合终端系统通信系统通信节点故障，引起系统区片中断。

（2）严重缺陷是指对设备功能、使用寿命及系统正常运行有一定影响或可能发展成为危急缺陷，但允许其带缺陷继续运行或动态跟踪一段时间，必须限期安排进行处理的缺陷，主要包括：云主站重要功能失效或异常；对运维人员监控、判断有影响的重要遥测量、遥信量故障；安全接入网关等核心设备单机停用、单电源运行。

（3）一般缺陷是指对人身和设备无威胁，对设备功能及系统稳定运行没有立即、明显的影响，且不至于发展成为严重缺陷，应结合检修计划尽快处理的缺陷，主要包括：云主站除核心设备外的其他设备的单网运行；一般遥测量、遥信量故障；其他一般缺陷。

缺陷处理响应时间及要求，危急缺陷：发生此类缺陷时运行维护部门必须在 24h 内消除缺陷；严重缺陷：发生此类缺陷时运行维护部门必须在 7 日内消除缺陷；一般缺陷：发生此类缺陷时运行维护部门应酌情考虑列入检修计划尽快处理；当发生的缺陷威胁到其他系统或一次设备正常运行时必须在第一时间采取有效的安全技术措施进行隔离；缺陷消除前设备运行维护部门应对该设备加强监视防止缺陷升级。

（4）缺陷需要进行统计与分析，云主站、台区智能融合终端运行维护部门应按时上报台区智能融合终端系统运行月报，内容应包括台区智能融合终端设备缺陷汇总、台区智能融合终端系统运行分析；台区智能融合终端系统管理部门每季度应至少开展一次集中分析工作，不定期组织对遗留缺陷和固有缺陷的原因进行分析，制定解决方案。

（四）终端缺陷处置

目前低压智能融合终端最普遍的缺陷为终端离线。终端与主站之间通信过程一般为：终端启动正常；终端通信模块需先注册运营商网络，并将信号发送给主站；数据到主站后进行软加密验证，只有通过软加密验证后终端才能和主站通信；终端正常上线。运维人员在处置该类缺陷时，可以通过分析现场终端以上某个环节异常定位问题并解决。

第一步，观察终端是否运行正常，终端运行正常是指终端启动正常，软件运行正常，模块运行正常。

融合终端本体有 16 个指示灯，根据指示灯的点亮状态可观察出终端的运行情况，终端指示灯说明详见表 4-3。

通信模组有 8 个指示灯，根据指示灯的点亮状态可判断出模组的入网情况，通信模组指示灯说明见表 4-4。

表 4-3   终 端 指 示 灯 说 明 表

名称	PWR	SYS	RS485/1	RS485/2	RS485/3 or RS232/1	RS485/4 or RS232/2	SW1
含义	电源工作状态	设备运行状态	RS485 Ⅰ口通信状态	RS485 Ⅱ口通信状态	RS485 Ⅱ口通信状态	RS485 或 RS232 端口间切换	第三路 RS485 端口的工作模式
名称	SW2	FE1/L	FE1/A	FE2/L	FE2/A	CF1	CF2
含义	第四路 RS485 端口的工作模式	第一路 FE 端口的 LINK 状态	第一路 FE 端口的 ACT 状态	第二路 FE 端口的 LINK 状态	第二路 FE 端口的 ACT 状态	有功输出状态	无功输出状态

表 4-4   通信模组指示灯说明表

定义	PWR1/PWR2	WWAN1/WWAN2	2G1/2G2	3G1/3G2
指示灯含义	电源状态指示	模块通信状态指示	模块工作模式状态指示	
指示灯说明	常亮，系统供电正常；常灭，系统无供电	常亮：4G1/2 模块处于连接/激活状态；快闪：4G1/2 模块有数据传输；常灭：4G1/2 模块处于未连接/未激活状态	2G1/2 指示灯常亮：模块工作在 2G 模式；3G1/2 指示灯常亮：模块工作在 3G 模式；2G1/2 和 3G1/2 常亮：模块工作在 4G 模式；2G1/2 和 3G1/2 常灭：模块工作异常或者未注册；2G1/2 和 3G1/2 亮绿灯为 4G 专网工作状态；2G1/2 和 3G1/2 亮黄灯为 4G 公网工作状态	

常见通信模组有指示灯异常处理方法：

若 PWR1/PWR2 常灭，则表明 4G 模组未上电，定位问题可能为终端异常或模块异常，通过更换模块定位异常点，终端异常更换终端、模块异常更换模块。

若 WWAN1/WWAN2 常灭，则表明 4G 模块处于未连接/未激活状态，定位问题可能为模块没有启动，检查拨号程序的配置文件是否启用该模块。

若 2G1/2、3G1/2 常灭，则表明 SIM 卡存在欠费或锁卡的情况、SIM 卡的 APN 配置错误。

之后应查看系统、补丁、App 大包是否为最新版本。

（1）系统、补丁版本查看命令：version-d，如图 4-5 所示。

```
sysadm@SCT230A:~$ version -d
software version:SV04.042
patch version:SV04.042.NJ.012
sysadm@SCT230A:~$
```

图 4-5 系统、补丁版本查看

（2）App 大包版本查看指令：cat/data/App/jcApp/version.json，如图 4-6 所示。

```
sysadm@SCT230A:~$ cat /data/app/jcApp/version.json
{
        "ProgramType":   "GW",
        "Platform":      "CNTR835",
        "AppName":       "jcApp",
        "AppVersion":    "CV01.001",
        "McuVersion":    "\u0011\u0002\u0007",
        "BuildTime":     "2022-05-05 14:14:32",
        "Specified":     ""
}
sysadm@SCT230A:~$
```

图 4-6 App 大包版本查看

第二步，4G 模块是否注册成功，在终端正常运行的情况下，终端注册到运营商网络可以通过以下两点来判断：一是看终端 4G 模块指示灯，第一个绿灯常亮，第二个绿灯闪烁，第三、四个绿灯常亮（专网注册成功）；第三、四个黄灯常亮（公网注册成功）；二是能够 ping 通对对应运营商网络的网关 ip。

如果 ping 不通网关 ip，则需检查软加密进程，配置文件。

检查终端进程是否启动，查看进程是否启动命令：ps-ef|grep wwan alive，如图 4-7 所示。

```
sysadm@SCT230A:~$ ps -aux | grep wwan_alive
root       2627 4.2 0.0 65500  968 ?       Sl   11:30   5:45 /usr/sbin/wwan_alive
sysadm     7629 0.0 0.0  2060  536 pts/2   S+   13:47   0:00 grep --color=auto wwan_alive
sysadm@SCT230A:~$
```

图 4-7 终端进程查看

图 4-7 为终端进程启动正常，进程号为 14881，如进程未启动，则可以通过 wwan dialer start 将进程启动。

检查终端 APN 配置，输入命令为：wwan apn show dev all 查看 apn 配置是否和卡匹配、哪家运营商的 SIM 卡、配置是否正确。如图 4-8 所示。

```
sysadm@SCT230A:~$ wwan apn show dev all
------------------Apn Information begin------------------
ppp-0:
        apn:CMIOTJSDLJND.JS
        user:
        authentication-mode:chap
        priority:6

        apn:ltjn4.njm2mapn
        user:
        authentication-mode:chap
        priority:8

        apn:JS.S4.WLCJ
        user:
        authentication-mode:chap
        priority:0

ppp-1:
        apn:JS.S4.WLCJ
        user:
        authentication-mode:chap
        priority:4
```

图 4-8 APN 配置查看

优化拨号程序配置文件。使用命令 sudo vi /etc/ppp/.wwan_sta.json 打开配置文件，根据现场信号强弱修改卡的优先级。如图 4-9 所示。

```
sysadm@SCT230A:~$ cat /etc/ppp/.wwan_sta.json
{
        "lte": [{
                        "channel":      0,
                        "isEnable":     1,
                        "netSelectMode":        1,
                        "hostList":     [{
                                        "hostIP":       "192.168.1.166"
                        }, {
                                        "hostIP":       "192.168.1.177"
                        }]
                }, {
                        "channel":      1,
                        "isEnable":     0,
                        "netSelectMode":        0,
                        "hostList":     [{
                                        "hostIP":       "192.168.1.188"
                        }, {
                                        "hostIP":       "192.168.1.199"
                        }]
                }],
        "wwan_apn":     [{
                "apn":  "CMIOTJSDLJND.JS",
                "user": "",
                "passwd":       "",
```

图 4-9　配置文件查看

换卡、专网卡无效、欠费情况。重新配或更换公网卡时需根据实际情况重新配置 APN 等信息；公、网卡没插好、变形、欠费、锁卡等需更换。

第三步，查看是否通过软加密。查看软加密需终端能 ping 通运营商网络网关 ip，若可以 ping 通主站 ip，则跳过此步骤，若不能，则需查看软加密日志分析问题。输入命令：sudo journalctl-xeu tvpn- -no-pager 查看日志，现场不在线原因常见为 client.conf 里终端 ESN 码、加密文件和实际终端的 ESN 码不对应或没有通过加密认证。

第四步，查看终端是否上线。输入命令：iotctrl-s 查看终端是否上线，如图 4-10 所示。

```
sysadm@SCT230A:~$ iotctrl -s
消息回复 [OK]

iot APP 连接状态 : Connect

iot APP 子设备在线数量 : 7

sysadm@SCT230A:~$
```

图 4-10　在线状态查看

如果终端未上线，则需查看端口号是否配置正确。输入指令 cat/data/App/SCMQTTiot/configFile/paramFlie，查看配置是否正确。如配置没有问题，则需检查主站是否添加终端档案，如图 4-11 所示。

根据终端离线消缺思路，下面介绍几个缺陷消缺的案例。

1. 终端上电之后 4G 模块电源灯不亮

（1）模块问题。

1）问题描述：双公专一体模块插针弯曲。

```
sysadm@SCT230A:~$ cat /data/app/SCMQTTIot/configFile/paramFile
[OBJECTINFO]
OBJECT = VNET
GETURL = http://2.0.0.1:30001
GATEWAYMOD = FT-8618
GATEWAYMFR = FangTiang

[BROKERINFO]
HOST = 2.0.0.1
PORT = 30002
CLINETID = 1587462035988@ClientId
USERNAME = 1587462035988@UserName
PASSWORD = abc12321cba
[PARAMINFO]
LOCALPOST=1
```

图 4-11　网关地址配置

2）原因分析：双公专一体模块插拔时未对准终端接口且用力过度导致模块插针弯曲。

3）解决措施：更换模块或者掰直弯曲插针。

（2）终端不识别模块问题。

1）问题描述：终端无法识别出模块，导致终端无法上线。输入命令：lsusb 查看终端是否识别出 4G 模块。

2）原因分析：模块损坏或者终端硬件问题。

3）解决措施：先将一块无问题的模块更换到该终端，如果 4G 模块电源灯亮，则说明是原模块有问题，则需要更换无问题的模块来解决。如果灯不亮，则需要考虑该终端有问题。

2. 模块电源灯亮，4G 信号灯不亮

（1）APN 配置问题。

1）问题描述：APN 的设置需要根据运营商及 APN 接入点来设置，运营商不同、APN 接入点不同，APN 内容则设置的不同。

2）原因分析：仓库调试阶段未对运营商及 APN 接入点了解充分。

3）解决措施：检查配置的 APN 是否正确，包括 APN 名称和卡是否匹配。首先确定接入点及运营商情况；然后核对 APN 设置：账号密码必须为空，chap 是否设置正确，priority 是否和卡对应；SIM 卡运营商属性选择优先级，4：专网，6/7：移动，8/9：联通，10/11：电信；左卡槽对应 ppp-0，右卡槽对应 ppp-1。

（2）现场信号问题。

1）问题描述：现场信号强度小于 15dB，输入查信号强度命令：wwan at send at＋csq dev ppp-0。

2）原因分析：部分台区相对比较偏远，离信号发射较远，信号强调低；天线未拧紧或者天线未拿出融合终端外挂箱。

123

3）解决措施：在融合终端台区增加信号放大器；检查融合终端天线的安装。

（3）SIM 卡问题。

1）问题描述：SIM 卡欠费、SIM 卡锁卡、SIM 过度弯曲变形导致终端不上线。发送查询命令：wwan at send at＋cops? dev ppp-0，确认 SIM 卡是否锁卡，6 为锁卡状态，7 为正常状态。

2）原因分析：SIM 流量不够；电话卡频繁安装到模块导致锁卡；SIM 卡使用商业级卡，耐热程度低，卡体较薄，导致受热过度变形。

3）解决措施：更改套餐业务，增加流量；需要向运行商落实是否锁卡及锁卡规则；更换工业级物联网专用卡。

3. 模块 4G 信号灯亮，ping 不通网关 IP

网关 IP 及端口配置问题。

1）问题描述：对应的网关 IP 及端口设置错误，如图 4-12 所示。

2）输入命令：sudo vi /home/sysadm/vpn_debug/client.conf 进行查看或者修改。

```
#Edit
ca /home/sysadm/vpn_debug/cacert_pem
cert /home/sysadm/vpn_debug/1001204606402609.pem
key /home/sysadm/vpn_debug/1001204606402609.key

# sdpath /home/sysadm/vpn_debug/sdpath
# libpath /home/sysadm/vpn_debug/
# engine /home/sysadm/vpn_debug/libnari_tvpn.so

remote 200.101.3.100 5005
#remote 90.254.4.37 5005

sysadm@SCT230A:~$
```

图 4-12　终端网关 IP 与配置端口查询

3）原因分析：在仓库调试阶段网关 IP 及端口的设置未根据 SIM 卡的运营商及接入点进行设置。

4）解决措施：网关 IP 及端口按照 SIM 卡的运营商及接入点进行设置。

4. 能 ping 通网关 IP，ping 不通平台 IP

（1）ESN 码与软加密文件不一致问题。

1）问题描述：输入命令：devctl-e，查看 ESN 码是否和软加密文件一致（.pem 和.key 文件以及 client.conf 文件）。如图 4-13 所示。

```
sysadm@SCT230A:~$ devctl -e
esn :1001204606402609
sysadm@SCT230A:~$
```

图 4-13　查询 ESN 与加密文件是否一致

2）原因分析：在仓库调试阶段申请的软件密文件错误；调试过程中，因批量操作，导入其他终端软加密文件。

3）解决措施：将正确证书文件（xxx.pem、xxx.key、cacert.pem）导入到融合终端目录/home/sysadm/vpn_debug 下。

（2）软加密进程未启动问题。

问题描述：用命令：ps -ef |grep tvpn_client 查看软加密的进程是否启动。如图 4-14 所示。

```
sysadm@SCT230A:~$ ps -aux | grep tvpn
root      2548  0.0  0.1  3580  2020 ?
sysadm    2794  0.0  0.0  2060   536 pts/2
sysadm@SCT230A:~$
```

图 4-14　查询 tvpn 程序进程是否存在

1）原因分析：软加密程序 tvpn 程序未启动。

2）解决措施：手启动软加密程序 tvpn 程序，输入启动程序命令：sudo/home/sysadm/vpn_debug/tvpn_client/home/sysadm/vpn_debug/client.conf；手启动软加密程序后，查看是否通过加密认证，输入查询命令：sudo journalctl -xeu tvpn --no-pager，若出现 tvpn 证书认证过程，则表示连接成功。若未通过加密认证，则需找平台询问并处理落实证书是否授权。

（3）终端时间错误问题。

1）问题描述：输入命令：date，查看终端时间，终端时间与当前时间不一致。

2）原因分析：终端时间错误，会导致证书认证失败，出现 tvpn 连接不上的问题。

3）解决措施：输入命令：sudo date -s '2021-07-08 9：46．00'修改成正确时间，并再次输入命令：sudo hwclock-w，保存到硬件时钟。

5. 能 ping 通物管平台 IP，但终端不在线

1）问题描述：输入命令：iotctrl-s，查看终端连接状态，connect 表示终端在线，Disconnect 表示终端不在线。

若终端不在线，可用命令：sudo journalctl-f |grep MQTTIot 查看通信日志，通信日志正常，App 数据会上送 MQTT 日志。

2）原因分析：查看配置文件是否正确；向主站确认是否添加终端档案、ESN 码是否和现场终端一致；查看 c_tr 容器是否正常。

3）解决措施：如图 4-15 所示，查看 paramFile 配置文件配置是否正确。

4）输入命令：cat/data/App/SCMQTTIot/configFile/paramFile；向主站确认是否添加终端档案、ESN 码是否和现场终端一致，网关及 IP 地址保持与管理平台网关要求一致。

```
sysadm@SCT230A:~$ cat /data/app/SCMQTTIot/configFile/paramFile
[OBJECTINFO]
OBJECT = VNET
GETURL = http://2.0.0.1:30001
GATEWAYMOD = FT-8618
GATEWAYMFR = FangTiang

[BROKERINFO]
HOST = 2.0.0.1
PORT = 30002
CLINETID = 1587462035988@ClientId
USERNAME = 1587462035988@UserName
PASSWORD = abc12321cba
[PARAMINFO]
LOCALPOST=1
```

图 4-15　查看 paramFile 配置文件

6. 终端在线，子设备不在线

终端换台区，子设备不上线问题。

1）问题描述：适用于终端在物管平台注册过一次，还需要再重新注册一次的场景。

2）原因分析：终端已经存在 didFile 文件，平台不再发起添加子设备的命令。

3）解决措施：删除终端以前注册的子设备信息，即删除 didFile 文件。

第一步，使用命令 1 rm-rf/data/App/SCMOTTIot/commonFile/didFile 删除 didFile 文件；

第二步，使用命令 2 ps -ef|grep MQTTIot 查看 MQTT 当前进程；

第三步，使用命令 3 sudo kill 2481（2481 为查询到的进程），杀掉 MQTT 当前进程；

第四步，等待 4～5min 后，待 MQTT 进程重启完毕后，使用命令 4 iotctrl-list，查询子设备是否正常上线。

二、物联管理平台运维

物联管理平台运维主要针对物管平台硬件、操作系统、支撑平台、功能应用开展平台运维管理、运行巡视与监控等方面的运维工作，以确保物联管理平台统安全稳定运行，支撑配电自动化业务开展。

（一）平台运维管理

物联管理平台运维工作主要有：

（1）平台服务组件、数据库等日常运行维护，包括：平台组件维护，平台日志分析，平台系统性能、高可用性监测及调优，平台资源台账维护等，以保障平台功能稳定运行。

（2）支撑本地市各业务部门边端设备接入物联管理平台，包括统一边缘计算框架安装、设备物模型的定义、App 下发、接入设备与业务应用的贯通调试等工作。协助各专业针对平台中设备的告警及日志开展排查分析工作。

（3）测试和生产环境的基础资源（服务器、网络设备、安全设备、存储设备）监控、升级、扩容、优化；负责平台相关网络的监测、调优、维护与安全加固；负责参与设备接入联调、故障排查分析。

（4）通过监控工具对物联平台的服务组件进行 7×24h 运行监控，对服务进行调度、扩容、告警处理，对服务故障抢修进行资源调度。

物联管理平台运维工作流程分为问题上报、问题分析、问题处理、归档四个环节。物联管理运维分为物联管理平台系统运维、终端设备运维和设备接入系统运维。

1. 物联管理平台系统运维

物联管理平台系统问题由各调控中心发现问题并进行上报，信息运检中心对问题进行分析，如是平台配置问题则上报物联网中心进行处理，问题为基础设备问题或平台组件问题则由信息运检中心和三线运维支撑处理，统一消缺后交由调控中心进行归档。

2. 终端设备管理运维

业务部门和地市信通上报终端问题，并组织信息运检中心进行问题分析，如业务问题由业务部门落实处理。现场通信问题则需地市信通落实处理，若为终端设备问题则需组织原厂进行问题分析并解决，若问题为平台配置或基础设施问题，则需物联网中心协助分析并解决，最后进行问题归档。

3. 设备接入流程

由开发厂商进行融合终端设备接入申请，提交物联设备接入申请单，业务部门同意申请后由物联网中心进行测试环节测试，物管侧添加子设备物模型，App 接入验证后，提交测试结果审批后正式上架，进行现场 App 安装与设备接入。

（二）平台巡视与监控

物联管理平台采用二级部署方式，系统的定期检修、运行安全、相关运维工作等由运维项目组统一进行操作，系统运维时间为 7×24h 制。物联管理平台运维人员应定期开展配电自动化上站系统硬件、操作系统、支撑平台、功能应用的运行巡视与监控工作，并做好记录，发现异常应及时处理。巡视与监控内容如下：

（1）检查基础组件中各服务 CPU，内存，磁盘占用情况是否有异常，如果存在异常，及时到服务器上查看组件的运行情况，排查原因。

（2）排查业务巡检以及微服务巡检，如有异常，及时到服务器上查看服务运行是否正常，如果异常，及时分析处理。

（3）关注 kafka 堆积情况，如果发现某个 TOP 堆积，及时进入 kafka 的容器查看消费情况以及实际是否有堆积，及时处理。

（4）Grafana 监控，登录 Grafana 网站，查看内网区面板中各组件的 CPU 运行、内存等情况是否有异常。

三、配电云主站系统运维

配电云主站系统运维主要针对配电云主站操作系统运维、业务应用、终端管理、指标管理等方面开展配电云主站巡视与监控、检修与消缺、安全管理、终端管理、App 统一管理、缺陷管理等方面的运维工作，确保配电云主站稳定运行，支撑配电业务开展。

（一）主站巡视与监控

配电云主站运维人员定期开展配电云主站操作系统、基础组件、微服务等巡视与监控、并做好记录，发现问题及时处理。运行与监控主要包括检查主站运行环境、检查主服务器进程，微服务使用情况，终端台账信息是否异常等。

1. 检查云主站运行环境

运维人员每天针对云主站基础组件进行巡视，登入云主站后台服务，检查 spark 组件、Kafka 组件、Redis 组件、ES 组件中 Pod 列表、CPU 最大利用率和内存情况，发现有数据堆积应及时上报，并开展问题分析和消缺。

2. 检查微服务功能是否异常

运维人员定期针对云主站微服务进行巡视，包括物联接入服务、D5000 平台、Nginx 前端代理、采样库微、数据库微、供服接口、登录页面、配变实时监测、系统导航树、终端接入向导等微服务功能检查，确保每项应用功能都可以正常运行，满足用户使用。

3. 终端台账信息维护

运维人员定期开展终端台账信息校核，登录数据库，使用台账管理工具，对数据库存量的终端台账信息进行校核，对新增的终端进行台账信息录入工作。

（二）主站检修与消缺

配电云主站运维人员应根据配电自动化主站运行情况，组织开展相应检修与消缺工作。

目前典型的检修工作主要为：配电云主站程序更新、用户需求新增，系统故障消缺等。开展检修作业时，准备好需要更新的服务程序，配置文件等，提交检修申请书，需向省信通公司提交正式的信息系统计划检修申请表，经省信通公司审批后方可开展检修工作。检修需要更新的镜像上传至 SVN，由项目负责人分配任务至检修人员。检修开始后，等检修人员更新完程序之后进行验证。检修完成后，检查系统服务运行是否正常，数据上送是否正常。

（三）主站安全管理

配电云主站系统配电运行监控应用部署在生产控制大区，配电运行状态管控应用部署在管理信息大区信息内网，安全防护要求包括但不限于：

（1）配电运行监控应用应遵循国家发改委〔2014〕14 号令相关规定；

（2）配电运行状态管控应用应遵循 Q/GDW 1594—2013《直流电压分压器状态检修导则》中三级系统安全防护要求。

其中 14 号令中明确规定电力监控系统安全防护工作应当落实国家信息安全等级保护制度，按照国家信息安全等级保护的有关要求，坚持"安全分区、网络专用、横向隔离、纵向认证"的原则，保障电力监控系统的安全。

Q/GDW 1594—2013 中对于三级系统安全防护要求包括技术要求和管理要求两方面，其中技术要求细分为物理安全、网络安全、主机安全、应用安全和数据安全；管理要求细分为安全管理制度、安全管理机构、人员安全管理、系统建设管理和系统运维管理。

配电云主站安全管理运维主要包括系统安全主机加固配置、系统安全交换机加固配置、正反向隔离装置配置、配电加密认证装置配置、配电安全接入网关配置等。

账号权限管理：配电云主站 isc 登录根据账号所属单位部门分配至地市权限，各地市分市级权限账号和区级权限账号，电科院为省级权限账号，省级账号负责融合终端 App、模组功能程序版本上架以及管控。

（四）终端定值管理

配电云主站运维人员负责终端定值参数查询、筛选、下发、校核，校核依据云主站研判规则进行校核，每日统计终端定值不一致、参数不一致数量。以江苏省配电云主站终端定值管理功能模块为例。

1. 定值查询、筛选

单击进入终端管理页面，选择左侧功能导航日常运维"定值管理"进入，根据查询条件进行查询，支持在线状态、投运状态、校核状态的条件进行筛选。页面默认展示终端名称及定值模板的选择；单击"更多"，展示全部搜索条件。搜索加载时，默认统计已投运、在线、离线、在线率、定值一致数量、一致率、参数不一致数量、不一致率。定值查询、筛选界面如图 4-16 所示。

图 4-16　定值查询、筛选界面

2. 定值下发

在定值管理页面，通过搜索条件，查询的不一致终端列表结果后，单击【一键下发】，窗口展示下发"定值列表及标准值"。勾选相应的定值，单击【一键下发】，对列表中所有的终端下发窗口中选择的定值，下发值会定值模板中的标准值。下发完成后，显示下发结果，如图 4-17 所示。

3. 定值校核

单击【定值校核】弹框，查看参数名称、参数 code、参数的基准值等信息。对当前列表中所有的终端进行定值校核比对。此时为当前账户下所有的终端进行定值校核，时间较长。单击【定值校核】弹框，校核参数，并在校核后，返回结果，如图 4-18 所示。

图 4-17　定值下发

图 4-18　定值校核

4. 定值研判规则

定值是每天凌晨主站召测和标准值比对，召测失败（即终端离线）也算不一致，云主站对定值进行校核，校核依据如下：

停电校核：收到停电信号后，延迟 5s 获取当前配变的实时三相电压值，若有一相或多相电压不为 0，则停电信号可疑。

断相校核：收到断相信号后，延迟 5s 获取当前配变的实时三相电压值，若三相不全为 0 或者三相全为 0，则断相信号可疑。

重载校核：收到重载信号后，取异常配变过去 2h 电流采样的最小值，并根据配变的额定容量计算其负载率，若负载率低于 80%，则重载信号可疑。

过载校核：收到重载信号后，取异常配变过去 2h 电流采样的最小值，并根据配变的额定容量计算其负载率，若负载率低于 100%，则过载信号可疑。

过电压校核：收到过电压信号后，取异常配变过去 1h 所有采样点的三相电压最大值，若存在低于过电压定值（235.4V）的采样点，则判可疑。

低电压校核：收到过电压信号后，取异常配变过去 1h 所有采样点的三相电压最小值，若存在高于低电压定值（204.6V）的采样点，则判可疑。

电压三项不平衡校核：计算过去 2h 的最小负载率，若极小负载率小于等于 60%，且过去 2h 的每个电压采样点的不平衡度均小于等于 25%，则本次三相电压不平衡可疑。

电压不合格：电压（A 相/B 相/C 相）全天有超过 5% 的时间无数据或不合格，则此校核项不合格；每 30min 时间段内，有停电且三相电压全部小于 $0.2U_e$，则此时间段合格；无停电无断相且三相电压全部符合 $U \in [0.50, 1.30] \times U_e$，则此时间段合格；有断相时，某相或某几相电压小于 $0.5U_e$，则此时间段合格。其他情况不合格。

参数研判规则：容量和 ct 是和 PMS 台账进行比对，数据不一致即判定为不合格。

（五）统一 App 管控

配电云主站统一开展配电终端统一 App 管控，针对终端常用框架、App 统一进行安装、升级管理。以江苏省配电云主站统一 App 管控功能模块为例。

1. 框架安装、升级

单击框架数量统计右上角图标打开终端常用框架页面，查看目前应用商店所有已上架的终端框架信息，包括终端内部框架补丁、模块、全量信息，单击某一框架，展示详细框架版本信息，包括框架版本号、相关责任单位、未装/已装设备台区信息查询等，对未安装最新框架的终端进行统一安装或升级。现场终端框架升级采用补丁升级方式，如图 4-19 所示。

图 4-19　框架安装、升级

2. App 安装、升级

选择相应 App 安装或升级,选择某一需要升级的 App 名称,如交流采样 App,选择需要安装或升级的交采版本号;批量导入需要升级的台区终端信息,单击确定后,从系统内显示未执行,单击该选项,可查看对应升级的台区信息和 App 版本信息,再次单击确定后成功下发;单击详情可查看批量安装、升级详细结果。如图 4-20 所示。

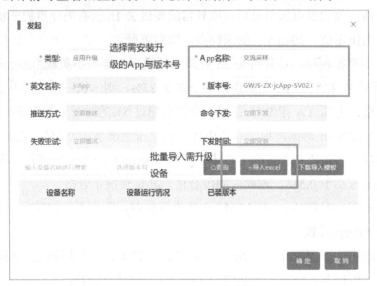

图 4-20 App 安装、升级

(六)主站缺陷管理

配电云主站统一开展缺陷管理,包括终端通信异常、终端运行异常、终端遥测异常、终端遥信异常等进行缺陷统计。

1. 终端通信异常

配电云主站每日统计长期离线、频繁投退终端清单并推送供服系统,便于各地市公司进行消缺。终端连续离线时长满 24h,判定为长期离线,无线接入终端投退次数 20 次以上,判定为频繁投退,由地市导出清单进行人工派单消缺。

2. 终端运行异常

配电云主站每日统计终端 TA 变比、容量、重载定值、超载定值、停电周期值、失电压定值、重载周期值、过载周期、过电压定值、过电压周期、低电压定值、低电压周期、缺相周期、电流不平衡度、电压不平衡度、电压零漂值、电流零漂值、电压死区、电流死区等参数与标准值不一致,且云主站端已完成下发 10 次,无法下发成功的终端判定为参数下发失败;针对融合终端上送的遥测、遥信数据时间与当前时间差超 20min,即判定为数据超时,需安排终端运维人员进行人工消缺。

3. 终端遥测异常

配电云主站针对终端电压(A 相/B 相/C 相)全天有超过 5%的时间无数据或不合格,

则此校核项不合格；每 30min 时间段内，有停电且三相电压全部小于 $0.2U_e$，则此时间段合格；无停电无断相且三相电压全部符合 $U \in [0.50, 1.30] U_e$，则此时间段合格；有断相时，某相或某几相电压小于 $0.5U_e$，则此时间段合格。其他情况不合格。统计为电压异常缺陷；电流（A 相/B 相/C 相）全天有超过 20% 的时间无数据或不合格则此校核项不合格；每 30min 时间段内，无停电情况下电流不为 0，则此时间段合格；有停电情况下电流为 0，则此时间段合格。其他情况不合格。统计为电流异常缺陷；终端在线的情况下，电流任意一项连续 12h 连续无变化就视为电流无变化，即判定此项校核不合格，统计为电流无变化缺陷，待基础数据治理后推送供服系统进行人工消缺。

4. 终端遥信异常

配电云主站针对终端取过去 2h 极小电流值，剔除电流值为额定电流 1.5 倍及以上的异常点，若极小电流计算出的极小负载率不在 80%～100% 之间，则本次重载可疑，判定为重载误报缺陷。

云主站针对终端取过去 2h 极小电流值，剔除电流值为额定电流 1.5 倍及以上的异常点，若极小电流计算出的极小负载率不在 100%～150% 之间，则本次过载可疑，判定为过载误报缺陷。

云主站针对终端取过去 1h 三相电压的极小值，并剔除电压值低于 150V、高于 280V 的异常点，若公式（过去 1h 的极小电压－标准电压）/标准电压×100% 的结果小于等于 7%，则本次过电压可疑，判定为过电压缺陷。

云主站针对终端取过去 1h 三相电压的极大值，并剔除电压值低于 150V、高于 280V 的异常点，若公式（标准电压－过去 1h 的极大电压）/标准电压×100% 的结果小于等于 10%，则本次欠电压可疑，判定为欠电压缺陷。

云主站针对终端收到停电信号后，若是 60s 内没有收到复电信号，且当前实时三相电压全为 0，则停电信号可信，有一相或多相电压不为 0，则停电信号可疑；若是停电后 60s 内收到了复电信号，则直接判断停电信号可疑，判定为停电误报缺陷。

遥信频发缺陷判定规则为配变的任何一遥信类型，日发信次数小于等于 20 次则合格。配变的遥信包含断相、停电、过载、重载、监测装置异常、恢复供电。

云主站针对终端收到停电信号后，若是 60s 内没有收到复电信号，且当前实时三相电压全为 0，则停电信号可信，有一相或多相电压不为 0，则停电信号可疑；若是停电后 60s 内收到了复电信号，则直接判断停电信号可疑，判定为断相误发缺陷。

第三节　智能站房调试验收及运维管理

近年来，随着智能配电网的发展建设，配电站房智能建设逐渐成为重点。通过在配电站房内装设温湿度传感、SF_6 气体监测、水浸传感、烟雾传感、风机控制、空调/除湿控制、智能门锁、灯光控制、蓄电池监测、变压器噪声传感、特高频局放、摄像头、无线通信等设备，可实现对配电站房内的温湿度、烟雾、水位、有害气体的实时监测及在线检测，同时实现灯光、空调、视频以及门禁监控系统的联动等功能。

一、智能站房设备安装调试

设备安装总体要求为：外接 220V 电源所使用线型宜为线径 1.5mm² 的两芯电源线（RVV2×1.5）；外接 12V 电源所使用线型宜为线径 1.0mm² 的两芯电源线（RVV2×1.0）；通信线使用线型宜为线径 0.5mm² 的两芯屏蔽线缆（RVVP4×0.5）或超五类网线；不同类型设备的电源线、信号线不得互联。

采用电池供电、无线通信的设备无需敷设电缆；采用外接电源、无线通信的设备只需敷设两芯电源线；采用外接电源、有线通信的设备则需敷电源和通信电缆；所布线缆必须外接套管，可采用行业通用的 PVC 管、PVC 线槽、金属软管、绕线管，应留有 30%的空间。拐弯处要有弯头，接口处要用直通，交叉处要用三通，管子需固定，尽量和强电保持一定距离；交流电缆和直流电缆必须分开布线，须在配电房的地下线槽、地上线架布线，利用明线槽或者在墙内开槽布线，保证美观性；标签标识应"固定"在距线缆接头 3cm 范围；标签标识有编号、起点、终点、规格；标签的全部内容均应朝向机柜外侧，标签间应有明显层次，不能相互遮挡。

设备调试总体要求为：根据配电站房设备安装要求完成各种设备安装后，需要将各种传感、控制、视频终端设备接入网关设备。

基本步骤如下：

检查所有设备接线，确保正确无误。联系智辅平台，汇报现场配置清单和 SN 码等信息。智辅平台维护智能网关等设备台账信息。智能网关上电，并进行必要的配置，完成智能网关接入智辅平台和业务 App 的安装。传感器上电，通过维护软件逐一对每个传感器进行通信参数、定值等各种参数设置后接入智能网关。智辅平台同步确认传感器是否成功接入，核对上送采集数据是否正确。控制器上电，通过维护软件逐一对每个控制器的通信参数、定值等各种参数设置后连入网关设备。智辅平台同步确认控制器是否成功接入，上送的状态数据是否正确送抵智辅平台，是否可下发控制命令，并正确执行。现场通过修订定值/模拟相应环境，验证联动逻辑正确动作和复归。视频采集设备、NVR、交换设备上电，通过维护软件逐一对每个视频采集设备的通信参数、定值等各种参数设置后连入网关设备。联系智辅平台，确认可以查看每个视频采集设备的实时视频，且控制功能、录像回放、时标信息等功能正常。

（一）环境监测类设备安装调试

1. 温湿度传感器

安装方式：用螺钉将传感器固定在墙上，安装保持水平。安装位置：安装于进门两侧、墙壁中间，安装高度宜 1.3～1.5m 安装在站所的墙壁上。线缆敷设（无线通信）：需要敷设供电电缆，电缆出线由首端设备敷设至末端设备，末端设备电缆沿电缆沟敷设至通信机柜。线缆敷设（有线通信）：需要敷设供电和通信电缆，电缆出线由首端设备敷设至末端设备，末端设备电缆沿电缆沟敷设至通信机柜。温湿度传感器安装后效果如图 4-21 所示。

调试方式：在常温环境下测试传感器数据上报，在智辅平台内动力环境页面查看传感器上报数据与时标是否与实际数据一致。设置告警阈值，如室内温度 25℃，设置温度阈值 30℃，使用吹风机等加热条件使环境温度上升触发告警，智辅平台在告警事件中进行查看是否存在告警与时标，并且上送告警数据是否与真实环境模拟一致。

图 4-21　温湿度传感器安装图

2. SF₆气体监测传感器

安装方式：用螺钉将传感器固定在墙体上，安装保持水平；安装位置：安装在靠近高压柜背面的墙壁上，离地约 30cm；线缆敷设（无线通信）：需要敷设供电电缆，电缆出线由首端设备敷设至末端设备，末端设备电缆沟敷设至通信机柜；线缆敷设（有线通信）：需要敷设供电和通信电缆，电缆出线由首端设备敷设至末端设备，末端设备电缆敷设至通信机柜。SF₆气体监测传感器安装后效果如图 4-22 所示。

调试方式：在正常环境下测试传感器数据上报，在智辅平台内动力环境页面查看该传感器显示数据、时标是否与实际一致。模拟环境变量，使用氧气泵等设备进行模拟气体环境变化，在智辅平台内动力环境页面查看该传感器显示数据、时标是否与实际一致。

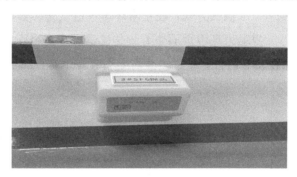

图 4-22　SF₆气体监测传感器安装图

3. 水浸传感器

安装方式：使用安装夹将水浸传感器（检测线）固定于电缆沟内，必须将水浸传感器与电缆沟进线口或出线口电缆下沿完全接触，安装夹可以螺钉或者高强度双面胶进行固定；安装位置：电缆进线处、电缆出线处、电缆沟地势最低处；线缆敷设（无线通信）：需要敷设供电电缆，电缆出线由首端设备敷设至末端设备，末端设备电缆沿电缆沟敷设至通信机柜；线缆敷设（有线通信）：需要敷设供电和通信电缆，电缆出线由首端设备敷设至末端设备，末端设备电缆沿电缆沟敷设至通信机柜。水浸传感器安装后效果如图 4-23 所示。

调试方式：在正常无水环境下测试传感器数据上报，在智辅平台内动力环境页面查看该传感器显示是否正常，时标是否与实际一致。把传感器浸入水内进行测试，在智辅平台告警事件内查看是否存在水浸告警，告警时标是否与实际一致。

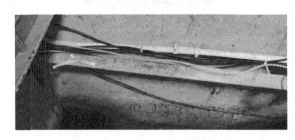

图 4-23　水浸传感器安装图

4. 烟雾传感器

安装方式：用螺钉将传感器固定在天花板上，安装保持水平；安装位置：高压柜正上方天花板，或根据实际情况安装。线缆敷设（无线通信）：需要敷设供电电缆，电缆出线由首端设备敷设至末端设备，末端设备电缆沿墙体敷设至电缆沟、电缆沟敷设至通信机柜；如有天花板，线缆套管需隐藏于天花板上方；线缆敷设（有线通信）：需要敷设供电和通信电缆，电缆出线由首端设备敷设至末端设备，末端设备电缆沿墙体敷设至电缆沟、电缆沟敷设至监控机柜；如有天花板，线缆套管需隐藏于天花板上方。烟雾传感器安装后效果如图 4-24 所示。

图 4-24　烟雾传感器安装图

调试方式：在正常环境下测试传感器数据上报，在智辅平台内动力环境页面查看该传感器显示是否正常，时标是否与实际一致。模拟消防环境，在智辅平台告警事件内查看是否存在烟雾传感器告警，告警时标是否与实际一致。

5. 风机联动装置

供电方式：配电房电源供电；安装方式：用螺钉将控制箱固定在墙壁上；或拆除原风机控制回路中的空气开关，卡扣安装；安装位置：风机控制箱（柜）应设置靠近配电箱，便于取电；在墙上安装时，其底边距离地面高度宜为 1.3m。线缆敷设（无线通信）：需要敷设供电电缆，当风机柜附近墙上有电源，可从电源直接取电；当风机柜附近没有电源时，电缆出线由首端设备敷设至末端设备，末端设备电缆敷设至监控机柜；线缆敷设（有线通信）：需要敷设供电和通信电缆，当风机柜附近墙上有电源，可从电源直接取电；当风机柜附近没有电源时，供电电缆出线由首端设备敷设至末端设备，末端设备电缆敷设至监控机柜。通信电缆出线由首端设备敷设至末端设备，末端设备电缆沿墙体敷设至电缆沟、电缆沟敷设至监控机柜。风机联动装置安装后效果如图 4-25 所示。

调试方式：接入风机后分别开启和关闭风机，在智辅平台动力环境页面查看风机显示状态与时标是否与实际一致。在智辅平台在线监测页面对风机遥控，分别开启和关闭风机，现场站房查看是否风机能被对应指令遥控，结果是否正确，同时主站需要在遥控后在遥控后显示遥控结果。

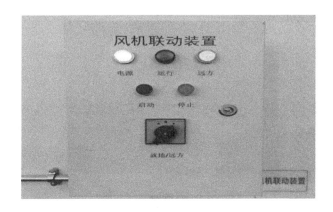

图 4-25　风机联动装置安装图

6. 空调/除湿联动装置

安装方式：用螺钉将传感器固定在墙体上，安装保持水平；安装位置：安装在靠近空调的墙壁上，离地约 30cm 线缆敷设（无线通信）：无需敷设通信电缆，电缆出线由首端设备敷设至末端设备，末端设备电缆敷设至通信机柜；线缆敷设（有线通信）：需要敷设通信电缆，电缆出线由首端设备敷设至末端设备，末端设备电缆敷设至通信机柜。空调/除湿联动装置安装后效果如图 4-26 所示。

调试方式：接入空调/除湿机后分别开启和关闭空调/除湿机，在智辅平台动力环境页面查

图 4-26　空调/除湿联动装置安装图

看空调/除湿机显示状态与时标是否与实际一致。在智辅平台在线监测页面对空调/除湿机

进行遥控（除湿机仅遥控开关，空调控制模式、风速、温度、风向、开关）现场站房查看是否风机能被对应指令遥控，结果是否正确，同时主站需要在遥控后显示遥控结果。

7. 智能门锁安装

安装方式，安装要求牢固灵活；安装位置：原锁具位置；线缆敷设（无线通信）：无需敷设通信电缆；线缆敷设（有线通信）：需要敷设通信电缆，电缆出线由首端设备敷设至末端设备，末端设备电缆敷设至通信机柜。智能门锁安装后效果如图 4-27 所示。

调试方式：接入智能门锁后分别关闭和开启门锁，在智辅平台动力环境页面查看智能门锁显示状态与时标是否与实际一致。在智辅平台在线监测页面对智能门锁进行遥控（门锁只可以控开），现场站房手动开启门锁查看门锁是否能被打开，同时主站需要在遥控后显示遥控结果。

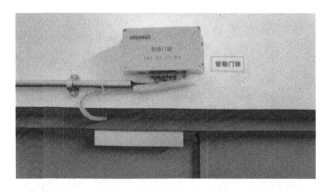

图 4-27　智能门锁安装图

8. 灯光联动装置安装

安装方式：用螺钉将控制箱固定在墙壁上；或拆除原灯光控制回路中的空气开关，卡扣安装；安装位置：灯光控制箱（柜）应设置靠近配电箱，便于取电；在墙上安装时，其底边距离地面高度宜为 1.3m。线缆敷设（无线通信）：无需敷设通信电缆；当灯光联动装置附近墙上有电源，可从电源直接取电；当灯光联动装置附近没有电源时，电缆出线由首端设备敷设至末端设备，末端设备电缆敷设至监控机柜；线缆敷设（有线通信）：需要敷设通信电缆，通信电缆出线由首端设备敷设至末端设备，末端设备电缆敷设至通信机柜；当灯光联动装置附近墙上有电源，可从电源直接取电；当灯光联动装置附近没有电源时，电缆出线由首端设备敷设至末端设备，末端设备电缆敷设至监控机柜。灯光联动装置安装后效果如图 4-28 所示。

图 4-28　灯光联动装置安装图

调试方式：接入灯光后分别关闭和开启门锁，在智辅平台动力环境页面查看灯光显示状态与时标是否与实际一致。在智辅平台在线监测页面对灯光进行遥控开和关，现场站房手动开启门锁查看灯光是否能被打开和关闭，同时主站需要在遥控后显示遥控结果。

（二）设备监测类设备安装调试

1. 蓄电池监测

安装方式：用强力胶将检测模块固定于蓄电池上，安装保持水平；安装位置：直流屏内，当直流屏内不适合安装可选择安装在监控机柜内；线缆敷设（无线通信）：无需敷设通信电缆；当设备安装在直流屏柜内时，直接从直流屏进行取电；当设备安装在监控机柜内时，直接从监控机柜内进行取电；线缆敷设（有线通信）：需要敷设通信电缆，通信电缆出线由首端设备敷设至末端设备，末端设备电缆敷设至通信机柜；当设备安装在直流屏柜内时，直接从直流屏进行取电；当设备安装在监控机柜内时，直接从监控机柜内进行取电。蓄电池监测安装后效果如图 4-29 所示。

调试方式：在蓄电池充满电情况下接入，在智辅平台动力环境页面查看数值与时标是否与实际一致。对蓄电池放电后监测电池剩余电量后接入，在智辅平台动力环境页面查看数值与时标是否与实际一致。

2. 变压器噪声传感器

安装方式：用螺钉将传感器固定在墙体上，安装保持水平；安装位置：安装在靠近变压器后方的墙壁上，离地约 30cm；线缆敷设（无线通信）：需要敷设供电电缆，电缆出线由首端设备敷设至末端设备，末端设备电缆沟敷设至通信机柜；线缆敷设（有线通信）：需要敷设供电和通信电缆，电缆出线由首端设备敷设至末端设备，末端设备电缆敷设至通信机

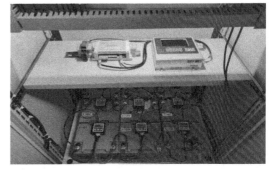

图 4-29　蓄电池监测安装图

柜。变压器噪声传感器安装后效果如图 4-30 所示。

图 4-30　变压器噪声传感器安装图

调试方式：在正常环境下接入噪声传感器后，在智辅平台动力环境页面查看是数值与时标是否与实际一致。改变环境噪声，在智辅平台动力环境页面查看是数值与时标是否存在变更，与实际是否一致。

3. 特高频局部放电传感器

安装方式：用螺钉将传感器固定在墙体上，安装保持水平；安装位置：安装在配电房墙壁，便于信号采集为宜；线缆敷设（无线通信）：当特高频局放传感器和接收器附近墙上有电源，可从电源直接取电；当特高频局放传感器和接收器附近没有电源时，电缆出线由首端设备敷设至末端设备，末端设备电缆敷设至监控机柜；线缆敷设（有线通信）：需要敷设供电和通信电缆，通信电缆出线由首端设备敷设至末端设备，末端设备电缆敷设至通信机柜；当特高频局放传感器和接收器附近墙上有电源，可从电源直接取电；当特高频局放传感器和接收器附近没有电源时，供电电缆出线由首端设备敷设至末端设备，末端设备电缆敷设至监控机柜。特高频局部放电传感器安装后效果如图 4-31 所示。

调试方式：在正常环境下接入特高频局放传感器，在智辅平台动力环境页面查看数值与时标是否与实际一致（如现场环境无放电情况则智辅平台内局放脉冲数值应当为 0）。使用脉冲电子枪等设备对特高频局放传感器进行放电，在智辅平台内查看传感器数值是否存在变更。

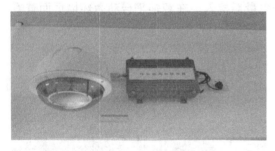

图 4-31　特高频局部放电传感器安装图

4. 摄像机

安装方式：吊装或支架安装，使用螺钉固定于墙体上；安装保持水平；或根据实际情况安装。

安装位置：球机安装在站房入口处，枪机安装在站房主要通道处，尽可能多的扩大摄像机的可视范围，离地宜不低于 2.5m，或根据实际情况安装。线缆敷设：当球形摄像机附近墙上有电源，可从电源直接取电；当球形摄像机附近没有电源时需要敷设超五类网线和供电电缆，每台摄像机单独敷设网线至通信机柜。摄像机安装后效果如图 4-32 所示。

调试方式：摄像机接入后在智辅平台视频监控内测试是否能查看当前实时视频。智辅平台视频监控页面对摄像机遥控，查看视频是否按照对应动作进行转动（仅限球机遥控）。模拟生物入侵、区域入侵、未戴安全帽、人员倒地场景进行测试，并在智辅平台告警事件中查看是否存在对应告警，以及抓拍的照片时标是否正确。

图 4-32　摄像机安装图

（三）辅助类设备安装

1. 无线汇聚节点

安装方式：使用膨胀螺钉固定于墙体上或根据实际情况安装；安装保持水平；安装位置：选择传感器密集且距离网关较远的位置安装；线缆敷设：需要敷设通信和供电电缆，沿电缆沟敷设至通信机柜。无线汇聚节点安装后效果如图 4-33 所示。

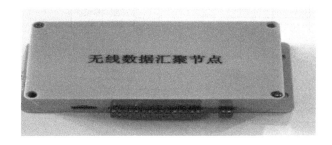

图 4-33 无线汇聚节点安装图

2. 通信屏柜设备安装

安装方式：通信屏柜主要用于放置智能网关、交换机、NVR、电源模块等设备，采用机架式安装。机柜最上 1U 及最下 2U 不存放任何设备。而每两台设备之间，需要留有 1U 空间（除了 1U 设备之外）；电源容量参照变电站直流系统配置原则进行配置，电源电压输出等级满足各类传感器供电需要。通信屏柜设备安装后效果如图 4-34 所示。

图 4-34 通信屏柜设备安装图

二、智能站房设备验收

为保障智能站房的顺利建设和设备的稳定与可靠运行，按照智能站房建设标准、技术规范、检测规范、验收要求进行质量管控，由打样检测、到货验收、到货抽检、竣工验收、工程结项等五个环节组成，质量管控流程如图 4-35 所示。

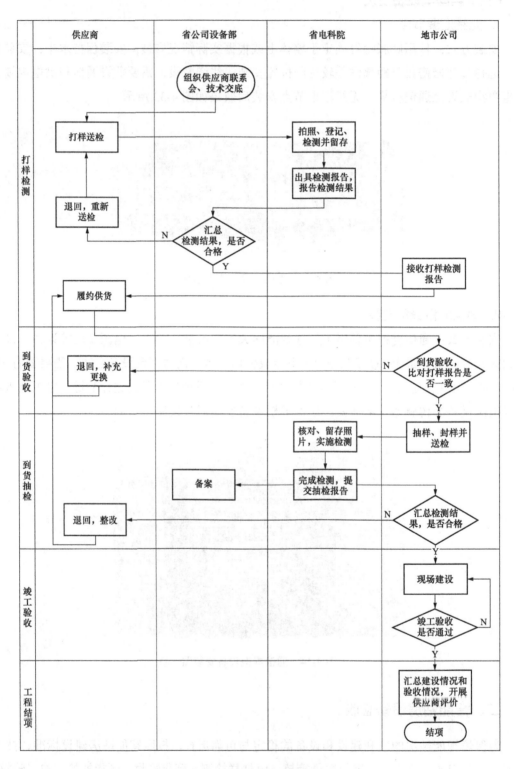

图 4-35 质量管控流程图

（一）打样检测

省公司设备管理部召集中标厂家召开供应商联系会，组织技术交底，通知打样送检事宜。供应商将中标产品的样品（含配件/使用说明等）送至电科院，电科院对送样信息进行拍照、登记、检测并留存，双方办理样品送检交接单。电科院按照测试大纲要求实施检测，检测样品留存三年，并将检测结果向省公司设备管理部汇报。省公司设备管理部向地市公司下发打样检测报告，地市公司运维检修部通知检测合格厂家按照合同履约。省公司设备管理部通知不合格厂家整改，厂家整改后再次送电科院检测。

（二）到货验收

厂家履约供货至地市公司后，由物资部门组织项目管理单位、厂家和监理单位共同核对装箱单，核对到货设备厂家、数量、型号等是否与合同相符，检查包装是否完好，与打样检测报告核对并确保一致。如发现与装箱单、合同、打样检测报告不符或设备损坏，应拒收物资并由厂家人员安排补充或更换货物。设备开箱检查合格后由物资部门、厂家、项目管理单位、监理单位签字，办理确认开箱验收单。

（三）到货抽检

市（县）公司项目管理单位应在物资到货后组织监理单位抽样、封样，并将样品送至电科院。抽样过程须在市（县）公司仓库或项目现场进行，封样过程需保证客观公正，以封条、照片等形式记录样品的唯一性。

1. 检测实施

项目管理单位组织监理单位将样品及其配件、使用说明送至电科院，电科院在接到封样样品后，对样品信息进行核对并留存相关照片记录，双方办理样品送检交接单，电科院按照测试大纲要求实施检测。

2. 检测结果判定处理

抽检样品与前期打样合格留存样品比对，确保型号、性能等指标一致，不一致则判定不合格。电科院应在规定周期内完成抽检检测工作，并完成检测报告编制。电科院负责向地市公司提交抽检报告，并报省公司设备管理部备案。地市公司汇总抽检结果并向不合格产品供应商下发整改通知单，该批次全部产品退回，并重启抽检流程。

3. 检测样品取回

样品检测完毕后，电科院负责通知送检单位取回样品并办理样品取回交接单，送检单位应在接到通知后的规定时间内取回样品。

（四）竣工验收

智能站房现场安装、调试完毕后，由项目管理中心牵头组织监理单位、配电网运维单位及供电服务指挥中心开展竣工验收，并出具验收报告。在验收过程中发现不合格，责令厂家进行整改，待整改完成后再行复验，验收合格方可投入运行。验收资料由项目管理单位统一收集整理，并按工程管理规范要求移交配电网运维单位、供电服务指挥中心留存。

1. 现场侧验收

现场设备的验收重点从出厂资料、施工工艺、调试到位、功能实现、性能指标、数据采集覆盖率、准确度及功能稳定性等方面开展。智能网关设备的环境、安防、电气在线监测、可视化等各类终端设备数据接入应达到全覆盖要求，采集频率、成功率及准确率应满足技术规范要求。现场设备的安装位置、视频监控范围及在线监测点应与作业指导书保持一致，并符合检测标准要求。

2. 平台及主站侧验收

省信通公司、市公司供电服务指挥中心安排专人负责验收工作。现场侧设备均已在平台及主站侧注册、在线。现场侧设备能够正常通过链路上报遥信、遥测采集数据至平台及主站。主站侧远程遥控开门、风机、空调等功能正常。告警策略、巡检策略、采集频率策略、联动策略等下发及响应正常。数据补招功能正常。主站侧视频图像采集、人工智能分析功能正常。主站侧高级分析应用功能正常。

（五）工程结项

项目管理单位组织监理单位、配电网运维单位、供电服务指挥中心共同开展工程验收。根据智能站房项目建设进展情况，项目管理单位负责组织现场侧中间验收和竣工验收，监理单位负责对项目建设过程中的关键环节进行管控，现场验收应落实标准化管理要求，以零缺陷投运为目标，对验收发现的缺陷实行闭环管理。供电服务指挥中心负责全市智能站房主站侧验收工作，做好记录并归档管理。项目管理单位应在工程完工后开展自检，并在完成自检消缺后申请监理初检。

监理单位负责审查项目管理单位自检结果，并开展监理初检。监理初检主要核查工程资料是否齐全、真实、规范，检查施工质量、工艺是否满足有关标准及规程规范要求。

项目管理单位在完工自检、监理初检合格的基础上，组织配电网运维单位、供电服务指挥中心、监理单位开展竣工验收。

配电网运维单位应按照验收细则进行现场设备验收；省信通公司负责设备接入物联管理、安全接入、统一视频等平台侧验收；供电服务指挥中心负责主站侧的信息核对、验收。验收工作应逐项记录验收情况，形成验收意见，由项目管理单位汇总归档。

项目管理单位应及时根据验收意见形成问题整改通知书,并落实责任单位和整改期限。项目管理单位协同监理单位对验收发现的问题建立缺陷档案并编号，验收发现的问题需有影像资料（照片或视频）。项目管理单位负责督促按期整改，并组织配电网运维单位、供电服务指挥中心复验，确保设备"零缺陷"投运。

验收发现问题的整改，如更换单独遥测、遥信、遥控板件，应分别对遥测、遥信、遥控重新验收；更换智能网关板件或智能网关软件升级后，应对智能网关各项功能进行重新验收；通信软件程序升级，确认通信正常即可。

工程竣工验收完成后，项目管理单位应编制验收报告，并会同监理单位、配电网运维单位、供电服务指挥中心、省信通公司盘点清册并签字确认。

工程质保期内，配电网运维单位、供电服务指挥中心应及时向项目管理单位反馈施工安装调试质量问题，项目管理单位应及时组织整改。

三、智能站房运维管理

（一）设备运维管理

1. 设备侧运维管理

智能站房系统应用过程中发现疑似现场设备缺陷，由供电服务指挥中心派发工单，通知配电网运维单位进行现场检查和校验，认定为缺陷的由配电网运维单位进入缺陷处理流程处置。智能站房现场终端设备缺陷应与电气一次设备缺陷开展同质化管理，配电网运维单位应建立缺陷及异常专项记录，定期开展系统监测功能评估工作；对存在应告警而未告警、无缺陷频繁告警等情况的现场设备开展检修校验工作。

各地市公司配电网运维单位应明确智能站房现场终端设备运维管理负责人，负责组织本单位配电网运维人员开展终端设备运维管理工作。

配电网运维人员应了解终端设备基本运行原理，数据上下行通信模式以及智能网关的策略配置方法，能熟练使用云主站智能站房微应用。

配电网运维单位应结合主设备巡视开展智能站房系统的现场巡视，检查所辖智能站房终端设备、智能网关等有无缺陷隐患。每年不少于一次对智能站房终端设备、智能网关等专项维护工作，开展终端及网关设备保养、工况检查、摄像机外罩清洁、摄像机控制、报警联动测试等。

配电网运维单位应通过云主站智能站房微应用开展远程巡视，检查终端设备运行工况，必要时应到现场检查校验终端设备运行情况，发现设备长时间不工作或数据异常，应及时处理。

终端设备在日常运维时不得无故断电、拔出网线、拔插网卡，以免造成设备元件损坏或导致通信异常。

现场设备供货厂家在维保期内负责终端设备的更换、维修、软硬件升级以及设备的调试工作。

2. 应用侧运维管理

在智能站房相关平台和主站的运行过程中，如果现现场人员无法排查、定位故障点时，由供电服务指挥中心负责通知省信通公司，由省信通公司统一组织安全接入平台、物联管理平台、统一视频平台、配电云主站及智能站房微应用开发运维服务支撑单位联合排查、定位故障发生原因。

省信通公司负责统一组织各平台及主站开发运维服务支撑单位开展系统运维工作；负责保障安全接入平台、物联管理平台、统一视频平台、配电云主站、智能站房微应用运行的稳定性，保障数据链路通道畅通可用，确保24h运维抢修、及时响应。系统发生重大问题、版本升级及其他变更需形成书面报告提交省公司相关专业部门；定期对系统资源进行检查、备份，防止宕机或丢失；定期对系统环境进行安全检查；配合智能站房资产台账（现场终端设备）、图源信息的管理和分发；负责制定平台及主站区段的故障研判方法并组织开展本区段排故工作，配合开展链路其他区段故障排查。

（二）设备缺陷管理

智能站房设备缺陷分为危急、严重、一般三个等级，定义如下：

危急缺陷是指系统失效、危及信息系统安全和核心终端功能失效的缺陷。如主站故障停用、安全防护等核心功能失效，大面积终端通信同时中断，终端联动、远动功能失控，单站所终端通信中断、故障掉线（连续离线72h及以上）。危急缺陷的处理周期不超过24h。

严重缺陷是指对系统运行及终端功能有一定影响或可能发展为危急缺陷，但允许其带缺陷继续运行或动态跟踪一段时间的缺陷。如主站除上述核心功能以外的重要功能失效或异常，对人员监控、判断有影响的重要遥测量、遥信量故障（核心部位温度异常、站房水位、SF_6、门禁异常、烟感告警等），终端频繁误发告警，视频功能失效，终端通信中断、故障掉线或频繁投退（每天投退50次及以上或周在线率低于80%）。严重缺陷的处理周期不超过3天。

一般缺陷是指对系统稳定运行和终端功能没有明显的影响且不至于发展为严重缺陷的缺陷。如一般遥测量、遥信量故障，终端频繁投退（每天50次以下）及其他一般缺陷。一般缺陷的处理周期不超过30天。

1. 现场侧故障缺陷处理流程

地市配电网运维单位按照日常运维管理要求，对现场终端设备进行定期巡查。现场巡查过程中发现设备故障，由地市配电网运维单位进行故障排查，初步确定故障区段。如确认为现场侧故障则就地处理，处理完成后确认故障是否消除，如消除，结束工单；如经排查确认非现场侧故障，在确认与上一级平台通信正常后，将工单流转至省信通公司。

省信通公司负责组织平台侧、云主站及微应用运维服务支撑单位验证与现场侧通信正常后，排查平台及主站侧故障。如确认为平台及主站侧故障则立即组织修复，处理完成后确认故障是否消除，如消除，则工单结束；如经排查确认非主站及平台侧故障，则由地市供电服务指挥中心负责协调省信通公司、地市配电网运维单位开展联合排查、处理。现场发起故障处理流程如图4-36所示。

2. 监控侧故障缺陷处理流程

地市供电服务指挥中心在日常监测和远程巡视过程中发现故障后经初步研判，下发工单至省信通公司、地市配电网运维单位。

省信通公司、地市配电网运维单位开展所辖区段内故障排查。如果为区内故障，则立即消除，并与供电服务指挥中心确认，完成故障工单闭环；如区外故障，则提供故障排查记录和证明材料，提交供电服务指挥中心。

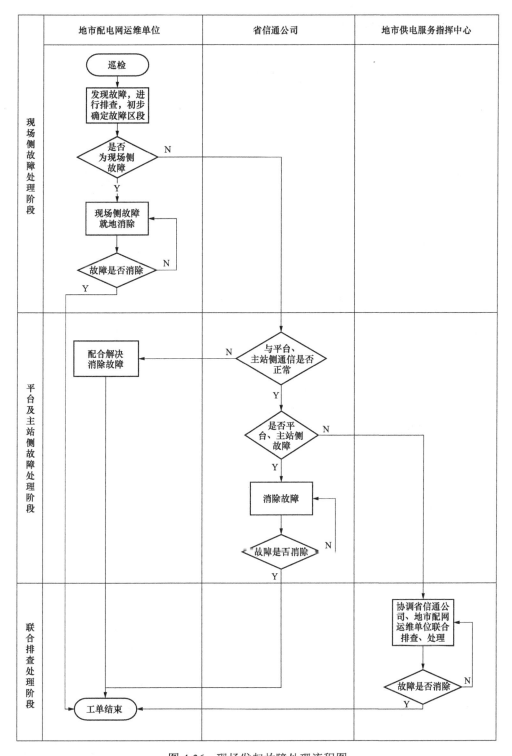

图 4-36 现场发起故障处理流程图

省信通公司、地市配电网运维单位排查各自区段均无故障或排查过程存在异议，则由地市供电服务指挥中心负责协调省信通公司、地市配电网运维单位开展联合排查、处理。

供电服务指挥中心发起故障处理流程如图 4-37 所示。

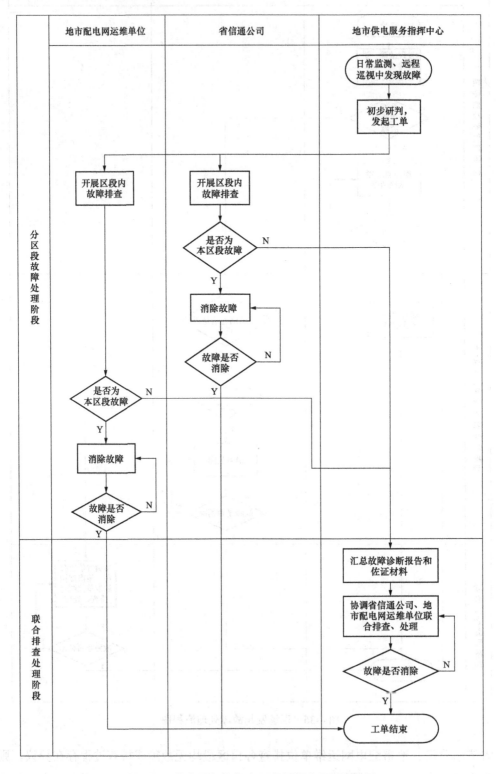

图 4-37 供电服务指挥中心发起故障处理流程图

第五章　配电网数字化技术典型应用案例

本章概述

　　在开展配电自动化及配电物联网业务及管理的过程中,基层单位遇到了业务提质增效、基础数据管理、新技术应用等方面的问题和挑战,逐步探索出行之有效的解决方案,形成了宝贵的典型经验。本章收集了配电自动化运维技术应用以及智能配电网运行控制技术应用两个方面的典型案例。配电自动化运维技术应用案例侧重于配电自动化运维业务的全流程管控、数据质量监测、标准化作业、提质增效等方面的典型经验;智能配电网运行控制技术应用案例侧重于单相接地故障处置、馈线自动化功能管理、5G技术在配电网故障自愈中的应用、电动汽车有序充电、智能站房无人巡检方面的典型经验。

学习目标

1. 了解配电自动化运维技术应用方面先进做法、典型经验。
2. 了解智能配电网运行控制技术应用方面先进做法、典型经验。

第一节　配电自动化运维技术应用案例

案例1:配电自动化终端数字化全流程管控平台

(一)应用背景

　　为提升配电网感知能力,大批量的配电自动化终端投入运行。与此同时,在当前人员紧缺、设备体量逐年增加的客观现实下,终端调试验收、投运退役的全寿命周期管理面临巨大挑战。徐州供电公司通过应用数字化、智能化技术,深度挖掘终端建管数据信息,构建配电自动化终端全流程管控平台,填补终端在线一体化管控空白,实现终端全流程业务精益化管理。

(二)应用内容

1. 搭建数字化配电自动化终端投运精准管控平台

　　聚焦终端接入流程中计划申请、待验收、待投运、已投运、已归档5个功能应用,打造配电自动化终端投运管控功能模块，深度挖掘配电网电子图异动流程、配电自动化信息流程数据，增加现场验收节点信息，实现终端投运流程各节点状态智能管控，如图 5-1 所示。

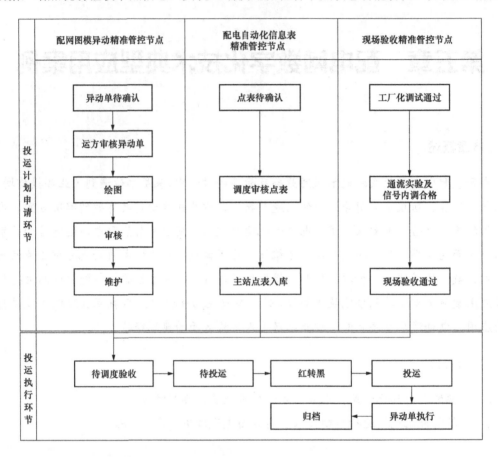

图 5-1　配电自动化终端投运精准管控节点示意图

（1）构建终端验收计划智能审核体系。将配电网电子图异动、配电自动化信息管理、现场验收三个分散流程与终端验收计划申请统一关联，打造"三流程、多节点"信息多元校验模式，构建终端验收计划智能审核体系，实现验收计划合规性自动审核与流转。

（2）打造终端投运业务智能预警机制。加强投运过程管控，充分挖掘配电网电子接线图异动流程、红黑图管理流程、配电自动化信息表流程、现场验收、待调度验收 5 个关键环节 16 个工作节点数据信息，建立终端投运管控预警机制，实施工作节点预警督办。

（3）实现终端投运过程可视化。统筹分析终端投运计划、验收进度、投运情况等信息，打造面向配电网终端投运"端接入计划、待验收、待投运、已投运、已归档"全流程的可视化展示，为终端投运管控精度、深度提供数据基础，实现终端投运的透明化、精准化，提升终端投运流程管理质效。

2. 搭建数字化配电自动化终端在运精准管控平台

（1）加强终端精准管控。动态跟踪在运终端异动情况，智能分析终端台账修改、名称变更、增删点号等异动类型，自动完成终端信息表与自动化主站数据校验，确保终端异动变更准确性，实现终端异动精准管控。

（2）加强终端健康管控。针对配电自动化终端缺陷类型、缺陷等级、缺陷次数整合分析，以终端为单位综合展示，自动生成终端缺陷工单，主动开展现场消缺工作，保障终端健康运行。

（3）构建终端消缺经验库。深度分析终端各类缺陷数据，自动根据终端缺陷特征、类型以及现场消缺方法，智能计算相同特征终端缺陷的处置方案，建立数字化消缺经验库，提升终端消缺运维质效。

3. 搭建数字化配电自动化终端退役精准管控平台

（1）实现终端退役规范管理。针对终端退役流程中配电网图模异动、配电自动化信息的子流程实施线上一体化并行管控，当各子流程均完成退役前准备工作时，方可开展终端退役工作。

（2）加强终端退役精准管控。加强退役图纸异动"正确性校验"，确保异动提交准确；在退役归档环节开展异动"一致性校验"，确保异动及时性；加强信息表与自动化主站数据校验，动态校验 IP 地址、加密、点号等终端数据维护情况，确保系统接入的信息资源及时释放。

（3）提炼配电终端历史数据价值。统筹分析终端缺陷，构建终端家族性缺陷库。整合分析馈线自动化研判动作数据，构建配电自动化故障处置典型库，为实现终端数据应用增值和馈线自动化故障研判信息复用提供支撑。

（三）核心技术

1. 多维计算技术

通过多元校验，以数字化手段重构终端验收计划申请模式，构建终端验收计划智能审核体系。通过多重评价，动态、全方位地评价验收时效性，打造终端投运业务智能预警机制。通过多维分析，动态展示过程节点现状值、目标值，实现终端投运过程可视化、规范化。

2. 人工智能技术

通过跟踪终端异动，完成终端信息表与自动化主站数据校验，加强终端精准管控。通过智能巡检终端缺陷，主动开展终端缺陷整合分析，加强终端健康管控。深挖数据价值，智能计算同类终端缺陷处置方案，构建终端消缺经验库。

3. 大数据分析技术

统一线上管控，充分挖掘关键环节、关键工作节点数据信息，实现终端退役规范管理。通过数据智能校验，破解退役过程中无法统筹管控数据维护及时性、准确性的难题，实现终端退役精准管控。通过创新数字资产，整合终端接入、运行、退役全过程数据，整合馈线自动化研判数据，提炼终端历史数据价值。

（四）应用成效

1. 基础业务管理水平大幅提升

管控平台部署以来，应用单位终端验收计划完成合格率由 85.3%提升至 97.5%，图模异动及时率由 78.3%提升至 99.2%，动态保持图实一致率 100%，存量缺陷终端占比由 10.8%控减至 3.5%，实现终端建管精益化提升。

2. 配电网精准控制能力得到加强

管控平台部署以来，应用单位终端动作正确率由 75.3%提升至 95.2%，分级保护累计减少停电 2250 时户，平均故障停电由 53 时户缩减至 15 时户。

3. 供电服务高质量发展有力推动

管控平台部署以来，客户故障报修工单总量减少 28%，停电类投诉工单同比下降 21%，供电可靠性由 99.62%提升至 99.98%，切实提升客户"获得电力感"，产生良好的社会效益。

案例 2：配电自动化基础数据质量监测系统应用案例

（一）应用背景

当前，由于配电自动化系统缺乏数据校验机制，导致终端遥信、遥测质量码异常、图模拓扑结构异常、开关位置不对应等基础数据问题无法准确甄别并管控，严重影响配电自动化系统的实用性。为此，徐州供电公司通过开发配电自动化基础数据保障系统，对配电自动化基础数据的准确性校验提出解决方案。

（二）应用内容

为提高配电自动化实用化水平，以"数智赋能"调控管理为主线，充分挖掘多系统数据资源，创新配电自动化基础数据质量数字化管理模式，研发配电自动化基础数据质量管理系统，实现配电自动化实用化"三可靠一提升"，如图 5-2 所示。

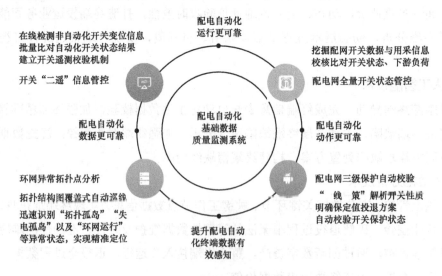

图 5-2　配电自动化基础数据质量管理系统

1. 加强设备名称匹配度管理

规范开展配电网电子图异动流程管理，从计划类、临时类、运行类三个方面建立配电网设备异动管理，切实做到有异动必有异动申请单。根据异动申请单内容，采集自动化开关模型状态数据和防误开关模型状态数据，自动生成未匹配开关、站所的推荐列表，提醒运行人员修正相关设备，完成设备名称异动的闭环管理。

2. 加强配电网开关变位管控

以多系统开关数据为基础，依托异常数据巡检体系，对配电网开关状态进行校核。对于非自动化开关变位，基础数据管控系统在线检测非自动化开关变位信息，实时推送非自动化开关状态变位信息，并同步开关状态到配电网自动化系统，确保非自动化开关状态实时更新。此外，每日对非自动化开关状态进行巡检，确保非自动化开关位置 100%对应。对于自动化开关变位，批量比对开关状态结果，自动统计开关是否在线，提供自动化开关状态变位的实时告警信息。配电网开关变位管控应用场景如图 5-3 所示。

序号	5200馈线名称	5200站所名称	5200开关名称	防误馈线名称	防误站所名称	防误开关名称	5200开关状态	防误开关状态	当前开关状态
1	徐州市...	青山塔...	彭秦青...	彭洞线	青山塔...	111开关	合	分	在线
2	徐州市...	青山塔...	彭秦孟...	彭洞线	青山塔...	109开关	合	分	在线
3	徐州市...	蓝天大...	压变11...	复开二线	蓝天大...	113开关	合	分	在线

图 5-3　非自动化开关变位管控

3. 加强自动化开关遥测校验

以配电自动化实时遥测数据为基础，依托异常数据巡检体系，采用"逐级纵向比对"数学算法，对配电自动化开关遥测数据正确性进行检测，准确定位遥测数据异常的配电终端。建立开关遥测校验机制，获取 EMS 中所有 10kV 出线开关、刀闸和 DMS 中馈线下的所有数据，正确识别各馈线关联的出线开关和拓扑正确的自动化开关列表，校核出线开关电流和馈线下开关电流，及时发现遥测数据异常开关，启动消缺流程，提升配电自动化运行可靠性。

4. 加强环网异常拓扑点分析

以配电自动化拓扑信息、实时遥测数据为基础，打造终端基础数据自动校验功能模块。通过拓扑结构图覆盖式自动巡线，迅速识别"拓扑孤岛""失电孤岛"以及"环网运行"等异常状态，实现精准定位。针对配电室合环管控，实时获取配电室数据和开关状态，通过拓扑数据以及配电室开关状态，分析配电室是否产生供电合环，异常合环点按馈线统计的配电室发出告警提示和分析结果，保障配电网保护配合的可靠性，进一步提升配电网故障智能研判的准确性。

5. 实现配电网全量开关状态管控

以配电自动化线路拓扑及开关数据为基础，依托营销用电采集系统信息，研发配电网全量开关状态管控工具。在配电网开关数据与用采信息之间建立开关状态校验机制，自动校核开关状态及下游负荷情况，及时发现开关位置异常状态，确保配电自动化数据更可靠，进一步提升故障处置能力。

6. 实现配电网三级保护自动校验

依托配电自动化线路拓扑结构及终端保护配置现状，依据分段、分支、分界开关的保护配置原则。按照"一线一策"，自动分析馈线中自动化开关属性，明确保护定值投退方案，并自动校验开关保护状态，确保配电网保护正确配置，确保配电自动化动作更可靠，进一步提升配电网故障智能研判准确性，缩短非故障段停电时间，提升用户用电感知。配电网三级保护自动校验应用场景如图 5-4 所示。

开关名称	开关分级	建议投退	问题描述
备用114	备用开关	【过流Ⅰ段告警投退】建议：投，实际：投 【过流Ⅱ段告警投退】建议：投，实际：投 【过流Ⅰ段出口投退】建议：投，实际：退 【过流Ⅱ段出口投退】建议：投，实际：退	【过流Ⅰ段出口投退】建议：1，实际：0 【过流Ⅱ段出口投退】建议：1，实际：0

图 5-4　配电网三级保护自动校验

（三）核心技术

1. 研发配电自动化基础数据保障系统

以多系统开关数据为基础，依托异常数据巡检体系，对配电网开关状态进行实时校核。以配电自动化实时遥测数据为基础，采用"逐级纵向比对"数学算法，对配电自动化开关遥测数据正确性进行检测，准确定位遥测数据异常的配电终端。以配电自动化拓扑信息、实时遥测数据为基础，打造终端基础数据自动校验功能模块。

2. 开发配电网全量开关状态管控工具

以多数据融合技术、安全信息交互技术为支撑，及时发现开关位置异常状态，确保配电自动化数据更可靠，进一步提升故障处置能力。

3. 开发配电网三级保护自动校验工具

以物联网技术、数字化技术为支撑，确保配电网保护正确配置，进一步提升配电网故障智能研判准确性，缩短非故障段停电时间。

（四）应用成效

1. 夯实基础数据质量，管理效益大幅提升

配电自动化基础数据质量监测系统的应用，使得配电自动化基础数据管理有了有效抓手，企业管理效益明显改善。拓扑异常、开关位置不对应、遥测数据异常、配电网保护配

置异常等问题得到有效解决，实现配电自动化系统基础数据正确率 100%。此外，三级保护循环校验功能模块通过"参数召唤"功能，采集自动化终端保护配置，智能生产三级保护校验及整定单生成，确保保护整定的可靠性、选择性、灵敏性、速动性。

2. 提升故障处置能力，社会经济效益显著改善

自配电自动化基础数据质量监测系统上线以来，在保供电方面，故障定位准确率由 89.3% 提升至 98.2%，平均故障处置时间由 48min 缩减至 18min，共缩短配电网故障停电时间 23040min，减少电量损失约 181 万 kWh，供电可靠性由 99.621% 提升至 99.981%。在优质服务方面，应用单位面向客户的各项指标均显著改善，客户故障报修工单总量减少 28%，停电类投诉工单同比下降 21%，切实提升了客户满意度，产生了良好的社会效益。

案例 3：配电终端远方闭环自动试验工具

（一）应用背景

随着配电自动化的大面积、实用化应用，已经投运的 FTU、DTU 等自动化设备数量庞大，地区分布广，涉及厂家众多、产品型号各不相同。当前配电自动化终端调试验收正面临着以下问题：一是缺乏支持所有厂家、所有型号的统一的试验运维工具，每个设备厂家都研发与自家产品配套的试验、运维工具软件，但是每个厂家的软件都是按照自家产品思路设计和开发的，不能兼容其他厂家的终端。这就造成一线运维单位必须学习、适应所有厂家的运维调试软件，学习成本高，增加了运维成本。二是"电话＋人工"方式传动信号效率低，现场/工厂调试过程中，需要配电主站人员配合，确认信号的正确性、实时性。多个现场/工厂调试单位并行工作，造成配电主站人员捉襟见肘，严重影响现场/工厂调试效率。三是现场/工厂试验工作的标准化、规范化无法保证，一定程度上影响终端投运效果。四是"人工＋纸质"的试验报告无法长期保存，不便于流转和数据溯源。

针对上述问题，国网无锡供电公司开发应用了配电终端远方闭环自动试验工具，设计统一的用户操作界面，支持所有厂家的终端设备，降低一线运维人员的学习成本，提高现场运维效率。

（二）应用内容

配电终端远方闭环自动试验工具具备以下功能：

（1）支持查看终端内实时、历史、冻结数据，修订运行参数和保护定值，支持就地遥控等功能，方便现场运维消缺和故障定位。

（2）内置 FTU/DTU 所有试验项的试验方法，摒弃了过去依赖试验人员个人知识储备而造成的试验方法不统一，提高作业标准化程度。

（3）实现本地闭环自动试验，降低工厂调试工作量。该工具打通了与主站的双向高速通信，实现试验任务、试验数据的高速传输，实现远程闭环自动试验，支持自动研判试验结果，降低主站、现场人员工作量，提高试验效率。

（4）支持自动生成试验报告，实现数字化移交，助力数字化班组建设。

（三）核心技术

配电终端远方闭环自动试验工具软件由主站侧和现场侧两部分组成。如图 5-5 所示。

（1）主站侧集成于配电自动化主站中，实现终端管理、工单管理、试验数据管理、调试单位和人员管理等。

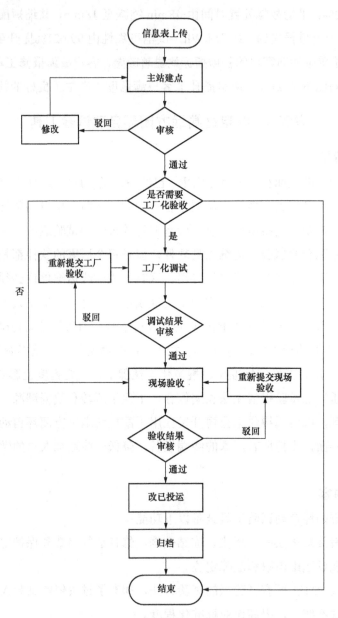

图 5-5　主站侧验收工单流程示意图

首先，由施工单位发起新建终端流程：在发起过程中，选择要新增的终端名称及所在馈线、厂站，终端的密钥信息，项目信息、负责人信息，终端的通信类型、所属单位等，并编制终端的点表，在编制点表过程中可以配置哪些点以及是否需要调试。可以根据计划制定是否需要验收及是否需要工厂调试，并填写计划的调试时间。

工单流转至供电服务指挥中心（配电网调控中心）：指挥中心结合图模异动、加密证书、信息表及调试时间等情况进行派单，并根据点表在主站新增终端、配置点表。

验收工单根据流程是否需要验收，流程继续流转。若不需要验收直接走到结束，如果需要验收，根据是否需要工厂调试，流程会流转到工厂化调试或现场验收环节，在这两个环节，现场侧可根据登录账号获取到对应工单。在现场调试完成后，可以在对应的环节查看自动调试的概要信息及上传的调试报告。配调及供服中心也可以根据实际的调试情况，在此环节上传调试附件，根据调试报告确定是否调试完成，是否需要重新调试。

在工厂化调试和现场验收两个环节都完成后，主站人员可将终端改为已投运状态。

最后，配电主站可以在归档环节上传附件，完成整个流程。

（2）现场侧采用上下位机结构。上位机采用类 Linux 系统的笔记本电脑/平板电脑，下位机为高精度程控功率源。上下位机之间物理层采用 RS232 通信，应用层使用国网 6 号文规定的 101 规约。上位机通过安全加密模块与主站通信，获取主站下发的工单/任务，按照既定试验方法驱动下位机，以最优化流程开展自动测试；同时接收主站下发的终端实时数据，按照主站指定的规则研判试验结果。当所有试验完成后，自动生成试验报告（不可编辑）并上载主站中存档。上位机完成安全加固，满足信息安全相关要求。整体硬件架构如图 5-6 所示。

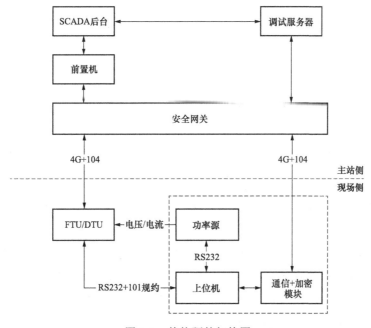

图 5-6　整体硬件架构图

主站与现场采用支持 VPN 技术的 4G 通信可模块，绑定生产专用 APN，内置智芯安全芯片。主站与现场通信时序如图 5-7 所示。

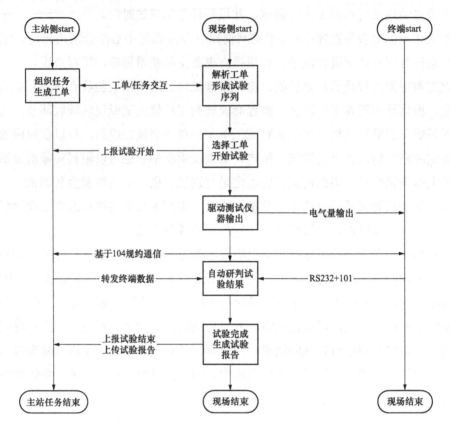

图 5-7　主站和现场通信时序图

现场上位机上电后，等待与主站建立通信通道。登录成功后，可下载指定工单。试验过程中，除通知主站试验开始和结束外，还接收主站下发的终端的实时数据，也可现场上位机发起指定数据召唤。在所有试验项目完成后，除上载本次试验结果摘要信息外，还将详细试验报告上传至主站。

主站侧：主站侧是自动测试系统的"大脑"，主站侧为 B/S 架构，负责终端和工单/任务在各个专业部门间的流程，明确终端在电网中的运行位置（与一次设备的关联关系），制订通信点表，管理终端台账和运行状态，管理工单/任务状态和现场侧执行进度，归档管理试验结果数据等。

现场侧：现场侧是自动测试系统的现场执行者，接收主站下发的工单/任务，按照主站指定的试验方法开展自动测试，按照指定的标准研判试验结果。功能主要包括以下几部分。

1）工单管理：从主站下载，解析后按照间隔和待测试项类型形成自动测试序列，保存至本地数据库 SQLite 中。测试过程中，记录测试结果和进度状态。重新开机时，提醒试验人员本地保存有尚未完成的试验任务，用户可选在继续试验或者下载新的试验任务。

2）自动测试和研判：首先查询待测试终端的通信状态；确认在线后，在提醒用户正确接线；然后开始自动测试，驱动下位机输出，在通过本地 RS232 串口读取实时数据的同时，接收主站转发的终端的实时数据，研判结果正确与否。对于结果异常的试验项，允许用户再次测试或手动测试。对于现场无法完成测试/不具备测试条件的试验项，允许用户说明原因。

3）自动生成报告：根据保存在数据库的结果数据，生成试验摘要和详细试验数据，采用 QPrinter 生成 pdf 文档。

（3）信息安全。控制终端为安装 Ubuntu 的笔记本计算机，安装有闭环自动试验工具软件（此软件为桌面端应用软件）；测试仪为高精度程控基准功率源；4G 通信模块内置安全芯片。

控制终端与配电终端采用 RS232 串口通信，应用层采用国网 101 规约；控制终端与试验仪之间采用 RS232 通信；控制终端与主站之间采用 4G 网络通信，使用国网无锡供电公司配网生产 VPN，并在通信模块中使用北京智芯安全芯片，确保信息安全。

（四）应用成效

该工具支持所有厂家的终端设备，降低一线运维人员的学习成本，提高现场运维效率，单台 FTU 或单间隔的调试和信号传动时间将由 30min 降低至 15min，效率提升 50%；试验数据项目由 10 项提升到 17 项，数据覆盖率提升 70%；单台 FTU 或单间隔的调试项目完成量将提升 50%，且调试标准化、规范化水平将大幅提升。

案例4：配电自动化终端信息自助验收移动应用

（一）应用背景

随着配电自动化大规模建设，配电终端设备存在数量多、更迭快、信息量庞大的特点，造成了配电终端信息接入调度系统工作量指数级增加。传统配电终端与调度台联调验收主要存在三个痛点。一是验收计划统筹难。验收前，配电现场需跟调度台提前预约验收计划，若遭遇调度台业务繁忙或故障突发情况，配电二次人员只能等待，无法继续进行工作。二是电话联调效率低。验收中，由调度台与配电现场通过电话人工校核信号，会长时间占用调度台电话，由于调度员人数有限，不能满足多组验收，整体工作效率低下。三是纸质归档资料重。验收后，调度员采用纸质打钩归档，资料繁重且不利统计与溯源。

为解决上述问题，国网泰州供电公司开发配电自动化终端信息自助验收移动应用，有效提升了终端监控信息验收工作质效。

（二）应用内容

1. 规范业务流程

规范配电终端监控信息全业务流程，明确各部门、各班组职责界面，覆盖新设备接入、变更、缺陷、退役等环节，推动配电终端全生命周期的流程化、数字化管理。所有流程节点相关人员随时可查看进度，核对信息，实现人员、设备、过程管理等信息自动化，实现

配电网设备数字化技术

从过去配电终端传统的纸质化、碎片化管理上升到从变电站—出线—终端树型结构的系统化管理，管理效能大幅提升。详细流程图如图 5-8 所示。

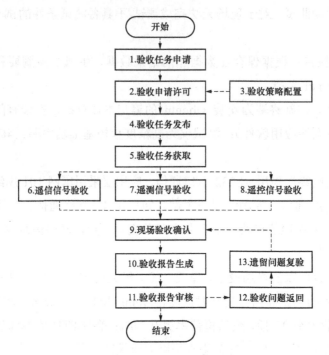

图 5-8　配电终端信息自助验收管理流程图

2. 开发功能应用

依托 i 国网移动平台，贯通配电自动化主站系统与配电终端信息全周期管理平台，研发配电终端信息自助验收移动应用。在配电终端信息全周期管理平台批准验收任务后，配电二次人员在工作现场手持移动终端，在 App 中预选配电终端信息点表中的信号，同时触发配电终端装置上送信号，App 在设定时间内依据信息点号找到对应配电自动化主站接收到的实时信号，两者完成匹配验证，将验收结果自动上传至移动端及平台 PC 端，如图 5-9 所示。

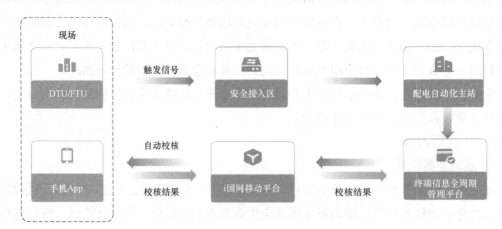

图 5-9　配电终端信息自助验收信息流

160

（三）核心技术

1. 信号验收自助研判技术

依托移动交互技术，贯通配电自动化主站系统与配电终端信息全周期管理平台，研发了信号验收自助研判技术。在配电网 OMS 平台批准验收任务后，配电自动化调试人员在工作现场手持移动终端，在配电终端自助验收 App 中预选配电终端信息点表中的信号，同时触发配电终端装置上送信号，自助验收 App 在设定时间内依据信息点号找到对应配电自动化主站接收到的实时信号，两者完成匹配验证，将验收结果自动上传至移动端及平台 PC 端，实现信号验收的自助研判。

2. 微服务技术

微服务架构采用 Scale Cube 方法设计应用架构，将应用服务按功能拆分成一组相互协作的服务。每个服务负责一组特定、相关的功能。每个服务可以有自己独立的数据库，从而保证与其他服务解耦。

3. 消息队列技术

配电终端信息全周期管理系统采用消息队列实现验收工作的双端交互。配电人员通过配电终端自助验收 App 触发信号验收指令，并向配电终端后台服务发送一条消息，后台服务接受实时消息后，进行信号验收的自助研判。

4. 验收报告自动生成技术

基于免验收项、验收成功、验收失败、未验收信息实现验收报告自动生成，自动统计验收次数、遥信伴随信号数、遥测误差率等信息，实现了配电终端验收报告数字化台账，完成验收工作的闭环管理。

5. 验收工作评价体系

建立验收工作评价体系，依据验收工作的执行情况、验收时长、验收通过率等多角度评价终端家族性缺陷、验收质量与进度、验收计划安排合理性，促进验收工作更高效更高质开展。

（四）应用成效

1. 规范配电终端高质量接入

建立配电终端信息数字化台账，一键生成信息规范点表，点表审核通过率达 100%，既保障终端规范接入，又方便了后期数字化管理，根本解决纸质归档资料重的痛点。

2. 成倍提高终端验收效率

缓解调度台与配电现场双方业务压力。一方面，调度员无需参与验收，只需后台查看验收结果。另一方面，配电现场可实现终端自助验收、并行验收。经统计，配电终端遥信、遥测平均验收时间由 10.8min 降低为 4.9min，平均验收时间缩短超过 55%，从根本上解决了验收计划统筹难、电话联调效率低的痛点。

第二节　智能配电网运行控制技术应用案例

案例1：配电网单相接地故障智能研判及精准控制

（一）应用背景

为有效解决配电网单相接地拉路查找过程中，非接地线路用户短时停电和配电网查找接地故障点耗时较长的情况，切实提升广大电力用户体验感、获得感和满意度，国网徐州供电公司针对各类变电站不同情况，按照"一站一策、主配结合"的原则，创新研发配电网单相接地故障智能研判及精准控制平台。覆盖变电站小电阻接地系统、小电流接地系统有选线装置、小电流接地系统无选线装置全类型情况下单相接地智能研判及精准控制的应用，破解传统单相接地选线、选段查找难题，提升配电网单相接地故障处置智能化水平。

（二）应用内容

配电网单相接地故障智能研判及精准控制平台结合变电站接线实际情况对小电阻接地系统、小电流接地系统选线装置的改造情况，差异化配置单相接地智能研判策略，深入挖掘配电网线路运行数据，智能识别、分析主网与配网接地故障信息，实现配电网接地故障全景感知、智能研判、精准控制的功能，大幅提升单相接地故障处置效率。

（1）小电阻接地系统，单相接地馈线自动化秒级自愈。通常情况下，完成单一的小电阻接地系统改造的变电站，当发生单相接地故障时将会通过接地线路跳闸的方式确定线路，接地故障区域仍需通过人工巡线查找。针对小电阻接地系统的变电站，通过开展配电自动化终端零序信号全覆盖工作，完成小电阻接地情况下单相接地馈线自动化策略优化与功能配置，实现该类变电站单相接地故障范围的精准定位、非故障区域"一键"恢复的单相接地馈线自动化秒级自愈。

（2）小电流接地系统结合选线装置，"选线＋选段"精准定位。针对仅完成选线装置改造的小电流接地系统变电站，发生单相接地时将会通过接地选线装置研判接地线路，但接地故障区域仍需采用配电网开关试拉的方式确定。按照"一站一策、主配结合"的原则，逐步开展变电站加装选线装置及相应线路配电自动化终端零序信号全覆盖工作，完成小电流接地系统结合选线装置变电站单相接地馈线自动化策略优化与功能配置，实现单相接地电路的快速选线、接地故障范围的精准定位、非故障区域快速隔离。

应用实例：2022年3月25日2时41分，堤马线111线接地告警动作，单相接地馈线自动化接地选线结果为：堤马111线；故障区域判定：堤马3环网站103开关下游故障（单相接地馈线自动化研判结果如图5-10所示）。当值调度员通过遥控拉开堤马3环网站103开关后，该线路所在变电站母线电压恢复正常。经配电网设备主人查找确认故障点为堤马3环网站103开关所带用户故障，与馈线自动化研判一致。该类变电站接地故障处置方式在首段线路接地情况下仅需对研判的 1 条线路进行拉路查找，其余接地点均可根据接地研判区域秒级完成隔离。

2022-03-25 02:54:29	徐州.堤北变 堤马111线接地告警	动作	
2022-03-25 02:54:29	徐州市区_10kV堤马线 堤马3环网站 鼓楼文教局线103零序过流	复归	
2022-03-25 02:54:29	徐州市区_10kV堤马线 堤马8环网站 堤马八一段111_1零序过流	复归	
2022-03-25 02:54:29	徐州市区_10kV堤马线 堤马8环网站 堤马线101_1零序过流	复归	
2022-03-25 02:54:29	徐州市区_10kV堤马线 堤马3环网站 堤马二三段101_1零序过流	复归	
2022-03-25 02:54:29	徐州市区_10kV堤马线 堤马1环网站 堤马八一段101_1零序过流	复归	
2022-03-25 02:54:34	徐州市区_10kV堤马线 堤马5环网站 堤马一五段101_1事故总	复归	
2022-03-25 02:54:34	徐州市区_10kV堤马线 堤马7环网站 堤马六七段101_1事故总	复归	
2022-03-25 02:54:48	徐州市区_10kV堤马线 堤马1环网站 堤马八一段101_1事故总	复归	
2022-03-25 02:54:53	设备徐州.堤北变/10kV.堤马线111开关 运行方式为在线模式, 发送接地故障处理信息给daEar		
2022-03-25 02:54:58	徐州.堤北变/10kV.堤马线111开关下游发生故障, 系统完成20秒等待开始进行故障定位 (市区)		
2022-03-25 02:54:58	徐州.堤北变/10kV.堤马线111开关 在线运行模式下启动故障分析, 执行方式为自动方式		
2022-03-25 02:56:14	徐州.堤北变/10kV.堤马线111开关 下游线路发生故障! DA启动分析!		
2022-03-25 02:56:20	徐州.堤北变/10kV.堤马线111开关 系统完成故障定位		
2022-03-25 02:56:32	故障电流信号不连续, 系统初步判定: "徐州市区_10kV堤马线 堤马3环网站 鼓楼文教局线103" 下游区域发生接地故障		
2022-03-25 02:56:33	开关徐州.堤北变/10kV.堤马线111开关的DA运行状态转为投入状态		

图 5-10　单相接地馈线自动化研判结果

（3）小电流接地系统无选线装置，配电自动化终端精准"选段"。传统的小电流接地系统无选线装置的变电站，发生单相接地时需通过变电站内将逐条出线试拉确定接地线路，随后通过站接地线路巡线及配电网开关分段试拉的方式确定接地区域。按照"接地智能研判全面覆盖、变电站选线装置改造逐步覆盖"的工作原则，针对尚未开展加装选线装置工作的变电站，全面开展相应线路配电自动化终端零序信号全覆盖工作，完成小电流接地系统无选线装置变电站单相接地馈线自动化策略优化与功能配置，实现单相接地电路接地故障范围的精准定位、非故障区域快速隔离。

（三）核心技术

1. 单相接地秒级自愈技术

针对出线电缆线路多、接地故障频发的变电站，利用接地选线跳闸＋馈线自动化技术，通过两系统一平台统一模型业务融合，在单相接地故障发生时根据调度自动化及配电自动化上传故障信息，自动研判故障类型为单相接地故障，智能判选接地线路及接地故障区域，并根据实时运行方式给出故障隔离及非故障区域恢复方案。接地选线跳闸技术（暂态特征＋有功方向技术），基于暂态电气量特征（暂态零序电流、零序电压电气量信息）＋稳态有功功率方向辅助判据的选线技术，实现选线和跳闸；馈线自动化技术，根据调度自动化故障类型自动选取配电网开关关联保护信息，如果为接地故障，则只读取相关联的接地保护信号，智能研判接地故障区间。

2. 主配协同技术

为满足配电自动化主站对接地故障可靠、精准研判的功能需求，运用调度自动化母线接地事件转发技术及配电自动化系统母线接地分析技术，实现单相接地馈线自动化的可靠启动、精准研判。母线接地事件转发技术通过调度自动化系统自动监测到母线接地，生成母线接地事件，转发配电自动化主站；配电自动化主站对调度自动化系统转发的母线接地事件解析并发消息、告警，并支持进一步的应用。母线接地分析技术通过母线接地故障研判模块校验满足接地启动条件后，自动拓扑该母线下所有线路，并收集线路上所有接地故障保护动作信号，实现"接地故障"区域研判功能。

3. 单相接地馈线自动化技术

（1）有接地选线装置变电站单相接地馈线自动化。针对有接地选线装置变电站，系统依托调度自动化系统转发"接地"的保护动作信号与配电网终端上送接地保护动作信号情况，并按照关联接地保护开关数量大于等于 1 的原则，启动零序过电流接地故障逻辑分析，智能研判故障区间。

（2）无接地选线装置变电站单相接地馈线自动化。针对无接地选线装置变电站，通过配电网零序过电流保护动作启动单相接地馈线自动化，同时依托主配网拓扑溯源技术，确保线路上游变电站母线接地故障的保护状态及母线 $3U_0$（零序电压模值）值满足校验条件，利用校验条件研判接地故障区间。

（四）应用成效

1. 保障配网单相接地处置更精准高效

应用单位 2022 年 1 月至今共发生单相接地故障 68 起，单相接地故障精准研判成功 52 次，故障定位准确率为 76.5%，平均故障查找时长由 68min 降低至 12min，平均试拉接地线路降低至 2.3 次。其中，小电阻接地系统变电站共发生接地故障 42 起，故障定位准确率 71.1%，故障隔离和非故障转供成功率为 94.3%；小电流接地系统完成接地选线改造的变电站共发生接地故障 9 起，故障定位准确率 88.9%；小电流接地系统未完成接地选线改造的变电站共发生接地故障 14 起，故障定位准确率 85.7%。

2. 保障供电服务更优质

配电网单相接地故障智能研判及精准控制平台应用以来，停电类投诉工单同比下降 21%，缩短配电网单相接地故障处置停电时间 3220min，减少电量损失约 26 万 kWh，供电可靠性由 99.621%提升至 99.981%，切实提升客户满意度。

案例 2：馈线自动化运行模式智能控制

（一）应用背景

出于配电自动化系统不支持电网异常运行方式下的馈线自动化运行模式智能控制，繁复的调整操作易出现不同程度的疏漏，且耗费调控员大量操作时间。因此，国网徐州供电公司研发基于配电自动化系统的馈线自动化运行模式智能研判及自动调整工具，运用数字化管控手段提高馈线自动化运行模式调整效率，保障配电网安全可靠运行。

（二）应用内容

1. 场景分析，设计最优运行控制策略

针对配电网调度运行八类典型应用场景，以馈线自动化功能安全可靠运行为首要目标，编制各类应用场景运行控制策略，制定馈线自动化运行模式标准化调整原则。馈线自动化运行模式控制界面如图 5-11 所示。

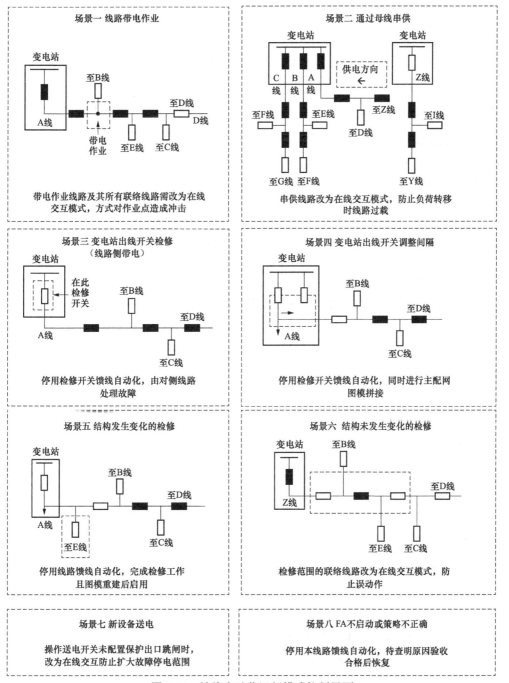

图 5-11　馈线自动化运行模式控制界面

应用场景一：线路带电作业

线路上进行的带电作业工作，"全自动"执行模式存在一定安全隐患。当线路发生故障时，系统启动"全自动"馈线自动化功能，对进行带电作业的设备重复送电，可能对带电作业设备造成一定冲击，对作业安全造成不良影响。因此，带电作业工作时，应将带电工作所在线路（A线）及其联络线路（B线、C线、D线、E线）馈线自动化运行模式改为交互模式，带电作业结束后，所有线路 FA 恢复原方式。

应用场景二：通过母线串供

如场景二所示，乙变电站的 Z 线通过 A 线 20 开关返供甲变电站母线及出线，母线受进线路（A线）馈线自动化运行模式改为离线模式，母线受进线路的联络线路（D线）、电源线路（Z线）及其联络线路（X线、Y线）、母线供出线路的联络线路（E线、F线、G线）馈线自动化运行模式改为交互模式。母线串供状态结束后，所有线路 FA 恢复原方式。

应用场景三：变电站出线断路器检修（线路侧带电）

如场景三所示，变电站内的出线断路器停电检修工作，A 线负荷通过 20 开关转移至 D线供电，A 线变电站出线断路器线路带电，为避免变电站开关信号误动，造成馈线自动化功能误启动，检修期间需将检修开关的线路（A线）馈线自动化运行模式改为离线模式，与之联络的各条线路（B线、C线、D线）馈线自动化运行模式不需要变动。检修工作结束后，即可将线路 FA 恢复原方式运行。

应用场景四：变电站出线断路器调整间隔

如场景四所示，变电站调整出线电缆的开关间隔工作，变电站出线至 1 开关之间停电，变电站线路侧为检修状态，A 线 1 开关以后负荷通过 20 开关转移至 D 线供电，为避免变电站开关信号误动，造成馈线自动化功能误启动，检修工作期间，需将检修线路（A线）馈线自动化运行模式改为离线模式，负荷转出的电源线（D线）馈线自动化运行模式改为交互模式。出线断路器调整间隔工作，主配电网图模需重新拼接校验，检修工作结束后，需确认配电自动化系统重新完成主配网图形拼接后，再将 FA 恢复原方式运行。

应用场景五：结构发生变化的检修工作

如场景五所示，变电站出线断路器至 8 开关之间停电，变电站线路侧为检修状态，A 线 8 开关以后负荷通过 20 开关转移至 D 线供电，检修工作期间，需将检修线路（A线）馈线自动化运行模式改为离线模式，与之联络的各条线路（B线、C线、D线）馈线自动化运行模式改为交互模式。检修工作新增联络开关，与 E 线形成联络（A 线电气结构发生变化），检修结束后，由于本线路电气结构发生变化，需待 PMS 单线图重新推图，配电自动化系统重新生成黑图，线路拓扑检查无问题后，所有线路 FA 恢复原方式。

应用场景六：结构未发生变化的检修工作

如场景六所示，A 线 1 开关至 9 开关之间停电，A 线 9 开关以后负荷通过 20 开关转移至 D 线供电，检修工作期间，需将检修线路（A线）馈线自动化运行模式改为离线模式，检修范围内与之联络的各条线路（B线、E线）和负荷转出的电源线（D线）馈线自动化运行模式改为交互模式。检修工作结束后，由于本线路电气结构未发生变化，所有线路FA恢复原方式。

应用场景七：新设备送电

如操作送电的开关配置保护出口跳闸，本线路馈线自动化运行模式不变；如操作送电的开关未配置保护出口跳闸，本线路馈线自动化运行模式若为在线自动模式，改为在线交互模式；若为在线交互，方式不变。送电结束后，线路FA恢复原方式。

应用场景八：FA不启动或策略不正确

如场景八所示，线路发生故障时，若FA不启动或FA策略不正确，应立即将本线路（A线）馈线自动化运行模式转为离线模式，所有联络线路（B线、C线、D线）馈线自动化运行模式转为交互模式。待查明原因，自动化人员进行FA功能测试正确后，线路FA恢复原方式。

2. 智能控制，实现运行模式一键切换

配电网调控员按需选择线路的运行场景，"馈线自动化运行模式智能控制助手"可自动生成"馈线自动化调整方案"，变更方案和恢复方案可与调令关联。当执行到关联变更方案的调令时，自动执行既定方案，将相关线路馈线自动化执行策略调整至最优状态。当执行到关联恢复方案的调令时，弹出馈线自动化恢复的各项前提条件，配电网调控员逐项签字确认后，执行恢复方案。馈线自动化运行模式控制界面如图5-12所示。

图5-12　馈线自动化运行模式控制界面

（三）核心技术

配电网络拓扑算法自主生成控制技术。运用数字化技术，针对配电线路的连接关系，将配电网络与实时电源点智能拓扑图溯源，根据电源节点、联络开关节点等将整个网络的拓扑连线分析，对配电网进行状态估计和网络重构，实现配电网络连通性质的快速跟踪和识别，快速生成馈线自动化运行模式控制策略。

对象化数据接口自动执行控制技术。依托对象化数据接口技术研发馈线自动化运行方式智能控制，通过配电网数据库信息对象化连接，可实时调取、修改数据库内所有线路的馈线自动化运行模式，实现多项控制方案的自动校验、同时执行。

（四）应用成效

该智能控制方案能够完全适应各类配电自动化线路运行模式的高效调整，当前配电自动化建设持续深化，让该项应用具有广阔的应用前景。2022 年，应用单位已完成 930 次常规操作和事故跳闸下的策略调整，此类调令执行平均时长缩减至 1min，识别馈线自动化运行模式异常线路 18 条，未发生一起馈线自动化误动作事故。

案例 3：基于 5G 技术的配电网保护自愈案例

（一）应用背景

随着分布式电源的大量接入，配电网的故障特性发生了显著改变，传统依靠过电流保护的故障定位、隔离方法受到了极大的挑战。为了解决目前配电网继电保护在选择性、速动性以及故障自愈能力存在的不足，达到高可靠性配电网架建设目标的要求，国网无锡供电公司研究提出配电网分布式保护自愈解决方案。通过引入 5G 无线通信技术，采用面向配电区域网格的保护与自愈方法，实现"边缘化"的故障切除与负荷转供。

（二）应用内容

对于单环网或者双环网，按母线配置分布式保护自愈装置，装置之间基于 5G 相互通信，实现线路差动、母线差动、小电流接地选线、馈线过流等保护功能，完成主干线路、母线、馈出线故障的快速精准隔离。故障隔离完成后，装置之间传递"故障隔离完成"信号，由开环点的装置联合开关，快速恢复非故障区域的供电。基于 5G 通信的配电网差动保护自愈解决方案如图 5-13 所示。

（三）核心技术

1. 灵活的通信方式

采用变频发送技术，正常运行时仅发送心跳报文，大幅降低了 5G 差动保护的通信流量，单通信节点每月流量不超过 10G。可扩展光纤、无线自组网等通信方式。

2. 故障快速精准隔离

具备主干线路差动、母线差动、馈线过电流等保护功能，可实现故障精准隔离，完全适应分布式电源的大规模接入，故障隔离完成时间小于 100ms。

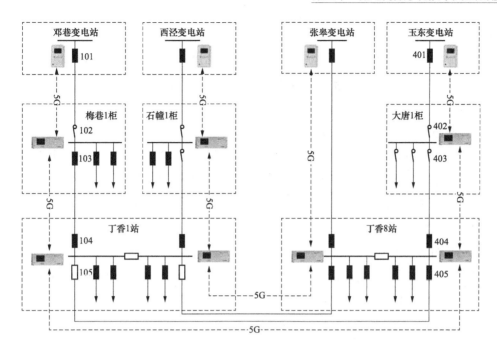

图 5-13　基于 5G 通信的配电网差动保护自愈解决方案

3. 故障快速自愈

故障隔离完成后，快速闭合联络开关，可在 200ms 内恢复非故障区的供电。

4. 适应不同一次设备类型

采用逐级联跳与智能重合机制，可适用于断路器与负荷开关混用、未配置线路电压互感器等应用场合。

（四）应用成效

通过示范区应用，实践证实，实现了 100ms 内隔离故障，200ms 内恢复非故障区域供电，有力提升故障自愈能力和供电可靠性。

案例 4：电动汽车有序充电控制应用案例

（一）应用背景

电动汽车产业已进入加速发展期，各大充电设施运营厂商均在抢占布点先机，构建大规模充电网络。然而充电设施在布点的同时，很少考虑到对电网的影响，对城市配电网安全、经济、可靠运行带来巨大挑战。一是馈线的承载容量增加，导致严重的晚间用电高峰问题；二是用户充电行为的不确定性，使得电动汽车充电负荷具有较大随机性，增加了电网运行优化控制的难度；三是充电设施多为电力电子设备，将产生一定的谐波，影响电网电能质量。

（二）应用内容

国网盐城供电公司开展充电设施与台区设备改造，进行基于台区智能终端的充电设施标准化接入及充电策略验证，提高电动汽车与电网协调运行的有序性、可靠性、经济性。

1. 开展充电桩的改造

充电桩内安装即插即用模块，通过 TCU（或控制器）RS485 接口，以 Modbus 通信协议与充电设施进行信息交互，实现对充电设施运行状态数据、电量数据、告警事件等信息的实时采集。

2. 开展台区智能终端的改造

台区智能终端具备宽带载波通信接口，与即插即用通信单元间采用宽带载波通信方式，DL/T 645 通信规约，保证与即插即用通信单元可靠本地通信。通过 4G 无线通信或光纤通信方式，使用 MQTT 协议，上传本地台区信息和台区下所有充电设施充电信息，并接收省级物联接入平台下发的管理信息。

3. 开发有序充电 App

终端侧结合台区配变负荷预测、台区电动汽车充电需求、台区配变功率限制三个主要因素，制定台区内电动汽车充电管理控制策略，以台区智能终端 App 的方式，实现对台区内充电设施的有序控制管理。

（三）核心技术

在台区侧加装台区融合终端，对下收集充电桩功率信息，并结合配变容量和充电需求制定电动汽车充电管理策略，同时将本地台区信息上传配电自动化主站。根据具体模式的不同，共分为三种。

模式一：需要将融合终端接入车联网平台，对车联网平台进行相关程序的升级，使车联网平台能够接收并执行融合终端计算出的功率控制策略。车联网平台实现对充电桩的充电管理，包括充电启动、功率控制、停止与结算。基于台区融合终端的有序充电模式一如图 5-14 所示。

充电桩按原有方式将电动汽车充电需求上传车联网平台，充电桩接受车联网平台的充电管理，执行车联网平台的有序用电充电。

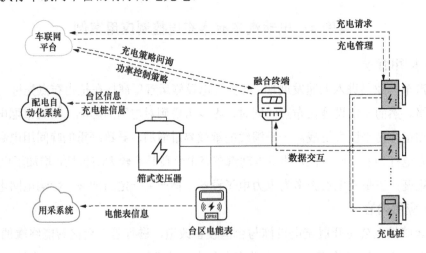

图 5-14 基于台区融合终端的有序充电模式一

模式二：绕过车联网平台，通过融合终端直接实现对充电桩的充电管理，包括充电的启动、停电、功率控制和结算。基于台区融合终端的有序充电模式二如图 5-15 所示。

适用于不需要单次结算的场所（家庭用交流桩），否则还需建立独立的结算平台。

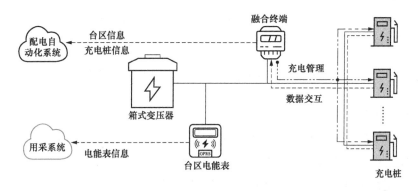

图 5-15　基于台区融合终端的有序充电模式二

模式三：车联网平台控制充电的启动、停止、结算，融合终端控制充电桩的充电功率。基于台区融合终端的有序充电模式三如图 5-16 所示。

充电桩按原有方式将电动汽车充电需求上传车联网平台，充电桩接受车联网平台的充电启动与停止的管理，接受台区融合终端对充电功率的管理。

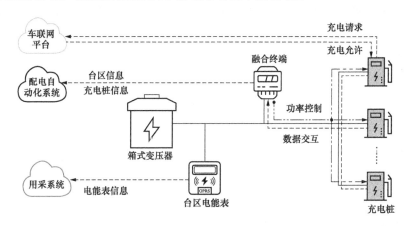

图 5-16　基于台区融合终端的有序充电模式三

不管采用何种方式，融合终端需植入定制 App，能根据台区信息、充电桩实时运行数据计算出功率控制策略。融合终端与充电桩的通信方式（HPLC 载波）、通信协议（Modbus 通信）需确定统一，必要时还需在充电桩侧加装通信模块（有序充电模组）。直流充电站一般作为出租车、公交车等营运车辆的充电场所，一方面，营运车辆对充电时间比较敏感，所以直流充电站均设置为快充；另一方面，箱式变压器容量按照全部充电桩额定功率的 60%设计，但由于电动汽车的功率小于充电桩的功率（也在 60%左右），所以箱式变压器容量约等于全部充电桩同时充电的"全容量"。所以功率控制更适用于家庭版的交流充电桩。

（四）应用成效

（1）依托现有台区智能化设备，提出快捷、经济的接入方式，实现对电动汽车充电设施运行状态数据、电量数据、告警事件等信息的实时采集。

（2）通过调控策略的结合，实现电动汽车充电设施的有序充电管理。

（3）提高电动汽车与电网协调运行的有序性、可靠性、经济性。

案例 5：智能站房无人化巡检应用案例

（一）应用背景

为提升末端配网的供电可靠性，构建配电站房物联感知体系，江苏公司开展智能配电站房建设工作。设备配置方案分为基础型、标准型、保电型三种类型，其中95%以上智能站房均为基础型及标准型站房，约10%站房配置智能巡检机器人。物联感知方面，通过就地侧配备环境监测类设备，主站侧建设智能辅助微应用。基于智能网关、融合终端等智能边设备上送的环境量、电气量数据初步完成数据整合，实现动力环境监测、辅助设备控制、安防监测、机器人巡视等功能。

（二）应用内容

构建数字站房全景感知体系，实现运行数据与环境数据有机耦合。

（1）以数字化方式创建配电站房的虚拟模型，借助数据模拟配电站房在现实环境中的行为。将配电站已有的运行数据和环境数据进行有机耦合，提出更加精确的配电站模型，改善传统监测方式结果扁平化问题，实现非介入式监测体系，从而指导配电站巡检智能路径规划、故障定位、机器人巡检等高级应用的实现。

（2）设备状态缺陷精准辨识，基于精确的配电站房设备运行状态评价模型、故障诊断模型和设备状态预测模型，实现由"站房级"到"设备级"的配电站"状态检修"方式。通过终端设备实时全面检测配电站房状态以及设备运行状态，方便运维人员在虚拟终端浏览到站房运行环境状态及站房内设备的当前和历史状态，实时获取设备的故障诊断和状态预测信息。

（3）机器代人、精准遥操作，将原有巡视机器人更新迭代为操作机器人，具备可见光、红外、局部放电巡检能力，同时可实现远程人工确认下的机器人安全作业，执行室内开关柜的"巡检＋操作"一体化作业。基于主站应用开发远程操作应用模块，建设现场设备三维模型库，为机器人安全操作及虚拟化巡视作业提供数据模型基础，实现运维人员远程精准化按钮操作、紧急分合闸操作等，保障带电作业操作安全，在高危的带电作业中保证人身和财产安全。

（4）运行控制方式实时感知。通过历史数据赋能，利用物理规律补充传感器的不足，增强故障定位和状态估计能力，在缺少传感器的同时也能实现对系统运行状态的实时感知，实现电力电子设备的运行控制和拓扑形态高度耦合。作为控制算法的测试开发平台，优化控制性能。通过实现物理装备到数字模型的完整映射，针对任意方式下给定的控制策略，数字模型均能提供闭环验证环境，从而在规划设计、运行调试等阶段进一步提高控制的准确性。

（三）核心技术

1. 构建数字站房物联感知体系，实时评估预测设备健康度

（1）在就地侧配备环境监测、安防监测、视频监控、设备状态监测等监测类设备，在主站侧建设配电站房智能辅助微应用。基于智能网关、融合终端等智能边设备上送的环境量、电气量数据初步完成数据整合，实现动力环境监测、辅助设备控制、安防监测、机器人巡视等功能，智能站房设备监测体系逻辑结构图如图 5-17 所示。

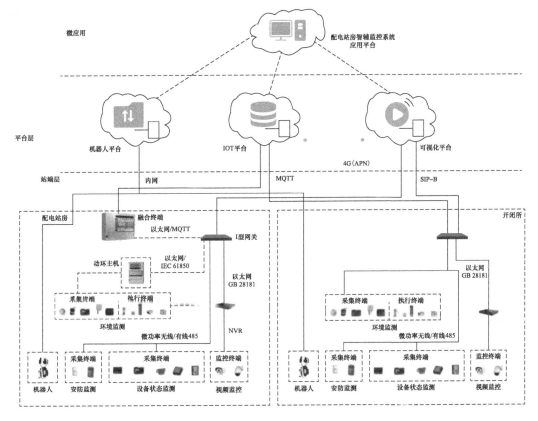

图 5-17　智能站房设备监测体系逻辑结构图

（2）利用 Solidworks 设计配电站设备外观模型，3DMAX 增强模型质感和轻量化处理，Unity3D 软件完成配电站内部结构的渲染，采用面向对象的方法建立模型。

（3）利用配电设备状态评估的数字模型实现对配电设备当前的运行状态进行评估和预测，包括对异常状态进行快速检测、差异化评估、精细化的评估及故障诊断。基于设备的全景式数据建立配电设备状态预测数字模型，提前掌握设备未来一段时间的运行状态，辅助现场运维及调度人员制定停电检修计划，保证配电设备以及电力系统安全稳定运行。

2. 精准制定智能机器人巡视操作任务，有效支撑运维检修业务"机器代人"

在配电房配置智能巡检机器人 1 台，具备执行例行巡检和带电作业两大任务的能力。其中，例行巡检包括机器人可见光巡检、红外巡检、局部放电巡检（超声波局部放电、地电波局部放电、特高频局部放电）、特高频声纹监测、噪声音监测、温湿度监测、高清视频和 IOT 在线监测数据融合。带电作业包括按钮操作、旋钮操作、连接片操作、紧急分合闸操作、摇手车操作、接地开关操作等，有效保障带电作业操作安全，在高危的带电作业中工作人员远离危险，保证人身和财产安全。

（四）应用成效

（1）延长设备使用寿命，减少故障率，配电站房辅助监控平台通过采集配电站房的温度、湿度、有害气体等参数进行处理，并将配电站房内温度、湿度、有害气体等技术指标控制在合格范围内，防止设备发生凝露、绝缘老化及外界条件下产生的局部放电问题等，延长设备使用寿命，实现设备全寿命使用周期，提高供电可靠性，减少重复性投资，提高经济效益。

（2）转变运维模式，提高运维水平。目前对配电站房的设备进行人工定期巡检，由于配电站房数量众多，而且在地域上分布非常分散和广泛，配电站房的巡检工作量急剧增加，并且巡检人员在巡检过程中有触电、SF$_6$ 气体中毒等风险。配电站房辅助监控平台能够通过传感器实时（秒到毫秒级延迟）全面检测配电站房状态，巡检人员可以不去现场或减少现场巡检的次数，通过平台采集的设备状态数据和视频图像等信息就可以全面掌握配电站房的运行情况，从而降低人工巡检成本，提高安全保障。此外，还可以避免出现漏检、错检等人为性失误，提高运维的质量和一致性。最后，通过完善的配电站房监控，实现故障的提前预判，采取正确的措施来快速隔离问题，解决预测、检测和修复电力系统的安全运营问题，避免代价高、影响广的断电现象，从而保障电网安全和用电可靠性，提高运维管理工作水平。

第六章　配电网数字化发展趋势及展望

📖 **本章概述**

数字化技术的发展，对传统配电网提出了新的挑战。目前配电网在数字化方面主要分为两个方向：一是配电自动化；二是配电物联网。而这两种技术未来还有很大的发展空间，可以说是大有可为。本章主要包含了相关标准及行业规范建设、需突破的核心技术、智能配电与物联网未来展望三部分内容。

🎯 **学习目标**

1. 了解配电网数字化相关标准及行业规范建设。
2. 了解配电网数字化目前需突破的核心技术。
3. 了解配电网数字化的未来展望。

第一节　相关标准及行业规范建设

配电网数字化的建设核心是利用智能化的配电网设备，通过设备间的互联、互通、互操作，实现配电网的全面感知、数据融合和智能应用，满足配电网精益化管理需求，支撑能源互联网快速发展。自从 2015 年 11 月国家发展改革委、国家能源局正式发布《电力发展"十三五"规划》，将"升级改造配电网，推进智能电网建设"作为重要任务，以及 2021 年 3 月，政府工作报告提出扎实做好"碳达峰、碳中和"各项工作，制定 2030 年前碳排放达峰行动方案以后，国家电网公司、南方电网公司针对智能配电与物联网建设需要出台了一系列的发展规划与政策。

一、电网企业政策规范

国家电网公司提出打造坚强智能电网口号，近年来一直致力于全面建设数字化电网，实现业务协同和数据贯通。在国家新型城镇化建设的背景下，国家电网公司提出建设"世界一流配电网"的目标，基本内容是开展配电网标准化和配电自动化建设，为我国重点城市配电网建设提供了新机遇，同时也带来了新挑战。公布的系列政策如表 6-1 所示。

表 6-1   国家电网公司数字化电网建设相关政策表

时间	政策名称	主要内容
2021 年 3 月	《"碳达峰、碳中和"行动方案》	加强配电网互联互通和智能控制，加强"大云物移智链"等技术在能源电力领域的融合创新和应用，加快信息采集、感知、处理、应用等环节建设，推进各能源品种的数据共享和价值挖掘。强调研究推广有源配电网、分布式能源、终端能效提升和能源综合利用等技术装备研制
2020 年 1 月	国家电网公司 2020 年 1 号文件	加快建设"三型两网"世界一流能源互联网企业，突出主营业务，全力推进泛在电力物联网、坚强智能电网建设
2019 年 12 月	《泛在电力物联网 2020 年重点建设任务大纲》	重点开展能源生态、客户服务、生产运行、经营管理、企业中台、智慧物联、基础支撑、技术研究八个方向 40 项重点建设任务
2019 年 10 月	《泛在电力物联网白皮书 2019》	通过建枢纽、搭平台、促共享，凝聚各方共识，构建开放共建、合作共治、互利共赢的能源生态，形成共同推进泛在电力物联网建设的磅礴力量
2019 年 1 月	国家电网公司 2019 年 1 号文件	充分应用移动互联、人工智能等现代信息技术和先进通信技术，实现电力系统各个环节万物互联、人机交互，打造状态全面感知、信息高效处理、应用便捷灵活的泛在电力物联网
2014 年 9 月	《配电自动化系统信息集成规范》	用于国家电网公司配电自动化系统与相关专业系统的信息集成，推动营销、配电业务领域应用系统数据整合，提升我国电网运行效率

随着物联网相关技术渗入智能电网的各个环节，物联网成为南方电网公司信息化规划的重要组成部分。为了全方位提高智能电网各环节的信息感知深度和广度，南方电网将物联网技术作为信息化建设的一种手段，与信息化"6＋1"系统等相结合，作为信息化系统的延伸发展，用以提高系统信息收集的效率、自动化程度和准确度。南方电网近年来发布的关于配电物联网规划与政策如表 6-2 所示。

表 6-2   南方电网数字化电网建设相关政策表

时间	政策名称	主要内容
2021 年 6 月	《公司中低压配电网管理优化提升总体方案（2021 年）》	明确了中低压配电网管理优化提升的路径方向，具体部署了 6 个方面 39 项重点举措。《方案》内容可归纳为 3 个优化（制度标准、组织模式、管理指标）、4 个体系（统一规划管理体系、统一建设管理体系、生产管理与技术支撑、客服服务支撑体系）、1 个协同和支撑（业务协同和基础技能支撑），多措并举推动中低压配电网管理落地见效
2021 年 4 月	《数字电网推动构建以新能源为主体的新型电力系统白皮书》	利用数字技术构建坚强主网架和柔性配网，因地制宜建设交直流混合配电网和智能微电网，持续加强配电网数字化和柔性化水平，提升对分布式电源的承载力
2021 年 3 月	服务碳达峰、碳中和工作方案	支持分布式电源和微电网发展，加强配电网互联互通和智能控制，做好并网型微电网接入服务，加强"大云物移智链"等技术在能源电力领域的融合创新和应用，支撑新能源发电、多元化储能、新型负荷大规模友好接入。加快信息采集、感知、处理、应用等环节建设，推进各能源品种的数据共享和价值挖掘

时间	政策名称	主要内容
2020 年 11 月	《数字电网白皮书》	已建成南网云平台和具备千万台智能终端接入能力的物联网平台等基础平台体系，形成了统一电网数据模型并建成了首个数字孪生变电站；5G 智能共享配电房、南方区域电力市场 AI 应用生态平台等一大批数字电网成果和创意项目也已成型
2019 年 5 月	《数字化转型和数字南网建设行动方案（2019 年版）》	建设南网云平台、数字电网和物联网三大基础平台，实现与国家工业互联网、数字政府及粤港澳大湾区利益相关方的两个对接，建设完善公司统一的数据中心，最终实现"电网状态全感知、企业管理全在线、运营数据全管控、客户服务全新体验、能源发展合作共赢"的数字南网

二、相关技术标准

（一）配电自动化方面

GB/T 35732—2017《配电自动化智能终端技术规范》规定了配电自动化智能终端的结构要求、技术指标、性能指标等主要要求。适用于海峡两岸配电自动化智能终端的规划、设计、采购、安装调试（或改造）、检测、验收、运维工作。

DL/T 1406—2015《配电自动化技术导则》规定了配电自动化和主要技术原则。适用于配电自动化规划、设计、建设、改造、测试、验收和运维。

DL/T 1529—2016《配电自动化终端设备检测规程》规定了配电自动化终端设备（包括馈线终端、站所终端、配电变压器终端）实验室检测和现场检验的检测条件、检测方法和检测项目，并明确了相关技术标准。

DL/T 1936—2018《配电自动化系统安全防护技术导则》规定了配电自动化系统总体安全防护以及配电主站、配电终端、横向边界、纵向边界的安全防护技术及安全监测技术要求。适用于配电自动化系统的网络信息安全防护，适用于配电自动化系统的建设和改造，在运系统加强边界安全防护和运行管理，在运系统逐步进行安全改造。

Q/GDW 11413—2015《配电自动化无线公网通信模块技术规范》规定了配电自动化系统无线公网通信模块的功能要求、技术要求、性能要求、检验防范等要求。适用于国家电网公司配电自动化系统无线公网通信模块的生产、采购、建设、运维、验收和检测工作。

（二）物联网方面

Q/GDW 12100—2021《电力物联网感知层技术导则》规定了电力物联网感知层总体技术要求、体系结构，以及感知层终端和本地通信网络的功能、安全及调试导则。适用于对国家电网有限公司各单位电力物联网感知层的规划、设计、建设的指导，感知层各组成部分的详细设计需参考相应细化标准。

物联模型规范包括 Q/GDW 12107—2021《物联终端统一建模规范》和《典型物联终端信息模型规范》两部分。其中，《物联终端统一建模规范》从静态属性、动态属性、消息和服务 4 个维度，规范了电力物联网中物联终端信息统一建模方法，形成对物联终端设备基本信息、设备感知能力、互动能力信息的完整描述。《典型物联终端信息模型规范》是采用物联网信息统一建模方法，对风机监控、光伏组件监测、分布式保护测控、线路覆冰监测、电能表、配电终端、温湿度传感器等典型物联终端的信息模型表达。

Q/GDW 12109—2021《感知层设备接入安全技术规范》规定了电力物联网感知层设备本体安全、通信安全和本地通信网络安全的技术要求。适用于电力物联网感知层设备接入公司信息系统的网络安全设计、选型和系统集成。

Q/GDW 12113—2021《边缘物联代理技术要求》规定了电力物联网感知层边缘物联代理功能、性能、接口及安全等技术要求，适用于电力物联网边缘物联代理的设计、开发、制造、检验和验收。边缘物联代理是指对各类智能传感器、智能业务终端进行统一接入、数据解析和实时计算的装置或组件。边缘物联代理与物联管理平台双向互联，部署在边缘侧，实现跨专业数据就地集成共享、区域自治和云边协同业务处理。边缘物联代理可分为边端分离、边端融合和边缘节点三种功能形态。

Q/GDW 12120—2021《统一边缘计算框架技术规范》规定了电力物联网统一边缘计算框架总体架构、功能性要求以及非功能性要求。适用于电力物联网边缘计算框架的设计、开发、检验和验收。边缘计算框架提供资源、数据、应用等管理服务，支持边缘与物联管理平台之间的多维度协同；提供多种编程语言的共存能力，支持多种设备的接入与消息转发；提供互联互通互操作管理，支持边缘与常用的 40 多种工业现场总线协议和标准兼容交互；以面向服务的微服务架构实现，支持边缘应用功能的即时变更与随需迭代。

Q/GDW 12101—2021《电力物联网本地通信网技术导则》明确了电力物联网终端本地通信组网对通信、安全和管理的需求，对设备功能和性能要求进行规范和分级分类，对涉及互联互通的接口进行定义和规范，对网络设计、实施和验收评估进行规范。

《智能业务终端接入规范》标准分为 5 个部分。第 1 部分：水电气热采集终端，第 2 部分：智能家电终端，第 3 部分：电源厂站终端，第 4 部分：电工制造终端，第 5 部分：电网智能业务终端。第 5 部分 Q/GDW 12147—2021《电网智能业务终端接入规范》规定了电网智能业务终端接入电力物联网的技术要求、通信接口、通信规范等方面的要求，暂不涉及生产控制大区业务。电网智能业务终端覆盖输电、变电、配电、用采等业务类型，电动汽车、家庭用能、工商业综合能源等其他业务形态可参照执行。适用于电网智能业务终端接入电力物联网时的设计制造、检验检测。

第二节 需突破的核心技术

数字化技术泛指以计算机技术为首的人工智能、深度学习、强化学习技术以及信息通信技术为基础的云边协同、数据驱动等技术。数字化技术为电力系统处理复杂场景中的海量多源异构数据提供了解决方案，凭借其优良的抗干扰能力以及高精度、强保密、多通用的特点，可解决新型配电系统中的资产管理、电能质量管理、分布式发电管理、智能表计以及储能负荷的协调控制问题。

一、传感检测技术

数字化管理技术的基础是电气设备具有数据采集、运算及通信能力。数据采集依赖于高精度的传感技术，然而嵌入式传感器的精度又与体积、成本成正比。当前配电网中，传感器针对智能电力设备的运行状态感知还需要深入研究。智能电力设备要求传感器结构紧凑、灵敏度高、抗干扰性强和接口统一，还要提高经济性以适合工程应用。传感器嵌入设备本体的要求限制了其体积和成本，而一般传感器的体积、成本与精度之间呈正相关。因此，智能电力设备传感技术的研究关键是在当前硬件基础上开发辅助软件算法提高采样性能，满足传感需求。

数据处理领域的压缩感知（Compressed Sensing，CS）技术可以用低秩数据高概率重构出原始信号。因此，可考虑将 CS 理论与传感技术相结合，解决传感器成本与性能矛盾。压缩感知，也被称为压缩采样（Compressive Sampling）或稀疏采样（Sparse Sampling），是一种寻找欠定线性系统的稀疏解的技术。压缩感知被应用于电子工程，尤其是信号处理中，用于获取和重构稀疏或可压缩的信号。这个方法利用信号稀疏的特性，可以从较少的测量值还原出原来整个需求取的信号。

二、信息通信技术

在通信方面，无线通信、光纤通信及载波通信是现阶段电力设备实现远程通信的主要方式。目前在高压输电线路等设备上已经安装了包括数据采集和监视控制系统、同步相量测量装置等在内的各种系统与设备运行状态量测系统，并配有光纤通信，实现了可靠的电力互联互通和信息互联互通。但对于电压等级较低的配电网，考虑到成本等因素，并没有同步实现光纤覆盖。此外，较输电网络而言，配电网络连接的设备更多，深入到每一个用户，甚至到每个家庭的每一个用电设备，海量设备仅通过不同电压等级的电力线路连接。然而目前配用电侧海量设备还没有完全实现信息的互联互通，电力系统的"最后一公里"挑战仍然存在，并且亟待解决。

5G 通信技术的"三高两低"特点及优势与配电数字化的特点及需求具有较大的互补性。未来 5G 通信应该至少包含以下五个方面的基本特征，即高速率、高容量、高可靠性、低时延与低能耗，可简单概括为"三高两低"。一般 5G 通信的应用场景主要包括增强移动宽带，低时延高可靠通信，低功耗大连接三个方面。

IMT-2020（5G 通信的法定名称）推进组从峰值速率、边缘速率、能效、可靠性、通信时延等各个方面给出了未来 5G 通信的技术指标。例如，5G 通信峰值速率至少为20Gbit/s，较 4G 通信而言是一个较大的飞跃。为了实现如此高速率的信号传输，可以开展三方面的工作：

（1）拓展资源。基于香农定理，选择更宽的频谱，每一次通信技术换代都伴随着电磁波信号频率的增加，未来 5G 通信对应的频段达到 30~300GHz（对应波长 10~1mm），即毫米波频段。

（2）延拓定理。延拓香农定理的适用范围到多条并行通信链路中，提升频率的利用效率，此基础上还可以开展大规模多天线（MassiveMIMO）技术。

（3）开发技术。进一步减少每个小区的面积，布置更加密集的微型基站，使得频率资源可以被更多次复用，和其他无线技术一起形成更高密度的异质网络连接。

在配电自动化方面，配电网可能会出现短路、断路等各种故障，这种情况下需要实现快速故障切除。此外，继电保护装置需要对信号进行综合分析，判断故障类型以做出正确动作。以差动保护为例，需要实时计算比较线路两端保护装置的量测值，如果两端量测存在较大时差，就有可能"差之毫厘谬以千里"。

在大数据时代，采集海量多元化数据是开展大数据分析的基础。传统电力系统中，虽然已经安装大量的传感器，但限于通信压力，很多数据只能舍弃，仅保留最基本的信息，细粒度信息的缺失极大地制约了大数据分析在电力系统中的实际应用。此外，5G 通信使得万物互联，可以促进电力系统安装更多传感器，实现更多元化的数据采集。

5G 通信较光纤通信成本较低，也能保证通信的可靠性和实时性，可以在配电网不同节点安装传感单元，实时感知配电网络的运行状态（电压幅值相角，注入有功、无功等），为配网拓扑辨识、潮流分析、参数估计等提供支撑。目前已有相关实践，在配电网某些关键区域安装微型同步相角量测单元（micro-PMU），为配电系统中的各种故障监测提供支撑，这种情况下，海量的 PMU 数据传输也需要 5G 通信的支撑。此外，低时延的 5G 通信数据传输也为微型 PMU 的同步对时提供了新的机遇。

在电力设备状态监测方面，变压器、配电线路等电气设备的健康运行是整个配电系统运行的重要保障。传统电力系统主要对高压设备运行状态进行检测，而 5G 通信时代的数字化配电网中，配电网中海量电力设备也将实现信息互联互通，实时监测电力设备各项参数，也感知外界环境（如温度等）的变化，能够帮助调度决策者进行综合分析，评估电力设备运行状态，为电力设备检修安排等提供参考。

三、数据融合技术

新型配电系统所存在的多类传感器带来海量的电气量及非电气量数据，数字化技术依靠构筑底层逻辑的电力定制化芯片和顶层算法的人工智能、数据驱动体系进行海量多源数据的融合，通过构建设备的多状态监测库实现新型配电系统整体的可观可控，逐步向透明化方向发展。新型配电系统中所产生的多参量包括以电力量测为代表的时间序列等结构化参量，也包括图像、检修报告等非结构化参量，二者在物理意义和表征形式上有很大的差别，即电力异构多参量。对多参量进行融合，使其相互补充和增强，能有效提高电力感知的精确性，提高配电设备运维管理的效率。

尽管数据融合已在多个学科取得了较好的成果，但在电力系统中的应用还是需求和挑战并存：一方面，云计算、大数据、物联网和移动互联网等技术正逐渐渗透到电力系统中，配电网中大量各类的数据交融在一起，为目标对象的全面准确认知提供了数据基础；另一方面，电力系统是一个复杂的高阶动态系统，其运行方式有不确定性，特别是配电网，存在大量具有分散性、多样性、随机性、复杂性和关联性的多源异构数据，但目前电力系统中跨类型的数据分析技术薄弱，状态量间的关联分析挖掘能力不足，现阶段仍以知识逻辑为主导的单一状态数据分析为主，跨领域、多维度、长时间的多维数据综合分析与运维研判能力缺失，相关技术实用化、智慧化程度较低，前后端融合薄弱，给电力数据融合带来了挑战。

随着通信技术、计算机技术及传感器技术快速发展，电网中每一点、每条线都将配置小微智能传感器，真正实现电网处处可见、可知、可控。该背景下，未来电力数据融合将呈现多模态、跨层次、全范围的网状融合结构。未来配电网中将存在大量图像、文本、电气量等多模态数据，基于不同应用场景下不同的数据类型，可进行单一模态或多模态数据融合。如对电流、电压、功角等电气量进行单一模态数据融合，进行电网的故障诊断、电网暂稳态评估；对图片、温度及环流等数据进行多模态融合，从而完成高压电缆的状态评估。考虑通信、精度、响应时间等要求，对单模态数据可进行数据级、特征级和决策级融合；对多模态数据，由于数据的表征形式存在差异，往往采用特征级或决策级融合。

第三节　智能配电与物联网未来展望

配电网处于电力系统的末端环节，面向广大用户，其运行状况直接影响用户体验和供电可靠性。据统计，用户平均停电时间的90%以上是由配电网的因素引起的。而近几年备受关注的能源结构调整、产业结构升级和智慧城市建设等又对配电网发展提供了全新的机遇和挑战。配电物联网是能源转型要求下配电网融合以互联网为代表的新一代信息通信技术的新型发展形态，其概念的提出融合了当前主要的技术进步和行业发展需求，建设高质量的技术标准体系。结合工业体系和信息体系的特点，根据配电网高度标准化建设需求，创新建立配电物联网技术标准，提高配电网设备互联互通效率，提升设备即插即用和信息交互水平。

"十四五"时期，随着供给端集中式新能源规模化集约化开发、大范围优化配置与分布式新能源便捷接入、就近消纳，以及需求端产业结构优化升级，特别是高载能产业发展进一步放缓，我国电力供需格局有望"总体平衡"。分布式新能源的高比例渗透、电力电子设备的高比例接入及多元交互用户的出现，将对发输配用各领域、源网荷储各环节的协调联动带来重大挑战，势必深刻影响着智能配电与物联网行业未来的技术发展态势与产业演变格局。未来，智能配电与物联网将以绿色低碳、安全可靠、高效互动、智能开放、平衡普惠等内涵特征为导向。

一、智能配电与物联网技术发展态势和产业演变格局

（一）技术发展态势：配电网加速数字化转型

未来新型数字配电网需要围绕配电网全要素、各环节，采用新兴数字集成技术，横向融合智库、孵化器、供应链、质量链、科技金融、文化品牌等跨界业态，纵向贯通"站—线—变—户"全产业链和设计、研发、生产制造、营销、服务等全生命周期，横纵交叉融合、一体化综合集成。

从物理空间与虚拟空间两个维度搭建不同层级、不同区域、不同颗粒度的数字配电网生态系统，打通配电网线上线下技术链、供应链、产业链壁垒，实现源网荷储全环节融合贯通、一二次设备互联智联、云脑智慧决策指挥、运行控制精准智能，促进海量配电终端、资源、数据、设备、软件和主体的全天候、跨区域、跨系统全面感知、在线监测、精准预测、智能调控和弹性供给，有效化解来自分布式能源接入与电动汽车并网带来的复杂性和不确定性，最终逐步演化成为一个多能源汇集转化、供用能交互交易、多形式管控、多信道互联与多流（能量流、信息流、业务流）融合的智能化、一体化能源互联网平台，为能源的提供者、传输管控者、使用者等诸方提供实时交易、自由选择和服务支撑，保障能源供需科学平衡。

（二）产业演变格局：重塑智能配电与物联网发展生态

新兴数字技术集群不仅赋能配电网行业整体技术提升与加速数字化转型，还将持续变革和颠覆传统商业模式、创新模式、运营模式、管理模式与服务模式，重新定义和优化产业链、供应链与价值链，未来有望发展成为一个软件定义、数据驱动、平台支撑、智能主导、服务增值、多方参与、合作共赢、协同演进的全新产业生态圈，推动配电网行业生产力变革、生产关系优化与产业生态重塑。

1. 科技金融跨界联姻、双轮驱动垂直平台有望成为行业发展新标配

"十四五"时期，新型数字配电网需要依托垂直性生态平台，突出科技与金融跨界联姻、双轮驱动，充分发挥科技的赋能支撑效应与金融的资源整合价值。在运营上，树立"轻资产投入、重资产持有"理念，通过平台产业基金、供应链基金与孵化基金投资配电网产业链各环节关键节点优质科技企业，持续生态赋能、动态分享全产业链合理增值收益，有效分散甚至合理规避配电网生产制造企业投资风险，促进实体经济、权益经济与数字经济之间价值最优传递和生态增值。此外，平台将沉淀积聚的大量数据资源与业务体系对接，开

发形成"数据＋信贷""数据＋租赁""数据＋保险"等不同模式的系列金融科技服务产品，全方位提升平台服务能力与赋能水平。

2. 智能应用场景日渐丰富，助力新型数字配电网建设扩能提速

当前，数字技术开始融入配电网领域，但尚未全面打通、深度融合、聚合反应，导致数字化应用场景总体规模不大、种类不够丰富、赋能价值有限，主要集中在配电装（设）备等局部硬件领域。"十四五"时期，随着"云大物移智链"技术与配电网加速深度融合，以"数据＋模型＋算法＋计算能力＋软件定义"为核心驱动力的新型数字配电网建设全面铺开，智能应用场景将逐步丰富并不断深化，对行业发展的牵引效应与乘数效应将日益凸显，有望成为配电网行业探索新技术、孵化新模式、打造新产品与催生新业态的"试验田"与"体验地"，有力支撑配电网行业全要素、全业务、全流程数字化转型。

二、智能配电与物联网发展方向

智能配电与物联网将以绿色低碳、安全可靠、高效互动、智能开放、平衡普惠等内涵特征为导向，在高比例消纳可再生能源、支撑大规模电动汽车充换电服务、增强网络安全和数据隐私保护能力、加强城市与电网一体化规划水平、加强配电网弹性、提升配电网生产运行数字化水平、优化电力营商环境及深化电力增值服务七大方面做出努力。

1. 高比例消纳可再生能源

深化完善并推广电网承载力分析方法，推进分布式电源信息采集，提高功率预测精度，优化分布式电网并网和交易管理，适应分布式电源规模化发展。

2. 支撑大规模电动汽车充换电服务

优化布局城市公共充电网络，统筹城市电网建设和局部配电网建设改造。提升电动汽车用户服务水平，满足用户差异性需求。

3. 增强网络安全和数据隐私保护能力

积极构建主动、被动防御结合的网络安全防控体系，重点突破电力芯片卡脖子技术，构建分层级、差异化、全过程数据隐私保护体系。

4. 加强城市与电网一体化规划水平

建立电力、城市多维度大数据库共享平台。结合地区经济社会发展的趋势特征和土地资源利用空间，考虑区域一体化发展要求，将配电网规划有机融合到城市中长期发展规划中。

5. 提升配电网弹性

提高配电网对极端灾害的感知能力，响应能力，适应能力，以及灾后恢复能力。不断总结应对极端灾害事件的经验，进一步提升配电网弹性。

6. 全面提升配电网生产运行数字化水平

深化数据驱动的智能规划和精准投资，强化电网建设全过程数据化管控，构建覆盖输

变配各环节的智能运检体系，推进电网调度运行数字化提升。

7. 持续优化电力营商环境，不断深化电力增值服务

坚持以客户为中心，以市场为导向，加快建设现代化服务体系，全面提升客户获得感、满意度；坚持以优质服务助力市场开拓，以电位中心延伸服务链条，以数据为抓手服务场景。

参 考 文 献

［1］董旭柱，华祝虎，尚磊，王波，谌立坤，张秋萍，黄玉琛. 新型配电系统形态特征与技术展望［J］. 高电压技术，2021，47（09）：3021-3035.

［2］孙起鹿. 配电网数字化智能运维技术应用研究［J］. 物联网技术，2021，11（11）：93-95.

［3］尚宇炜，周莉梅，马钊，王运虎. 数字化主动配电系统初探［J］. 中国电机工程学报，2022，42（05）：1760-1773.

［4］我国智能配电与物联网行业现状及发展趋势［J］. 中国科技产业，2022（02）：54-57.

［5］赵仕策，赵洪山，寿佩瑶. 智能电力设备关键技术及运维探讨［J］. 电力系统自动化，2020，44（20）：1-10.

［6］王毅，陈启鑫，张宁，冯成，滕飞，孙铭阳，康重庆. 5G通信与泛在电力物联网的融合：应用分析与研究展望［J］. 电网技术，2019，43（05）：1575-1585.

［7］王红霞，王波，陈红坤，刘畅，马富齐，罗鹏，杨艳. 电力数据融合：基本概念、抽象化结构、关键技术和应用场景［J］. 供用电，2020，37（04）：24-32.

［8］吕顺利，丁杰，张海滨，梅德冬，侯宇. 新型电力系统智慧物联感知技术标准体系研究及思考［J］. 电力信息与通信技术，2021，19（08）：39-46.

参 考 文 献